学校犬《がっこうけん》マリリンにあいたい

心《こころ》から愛《あい》された犬《いぬ》の物語《ものがたり》

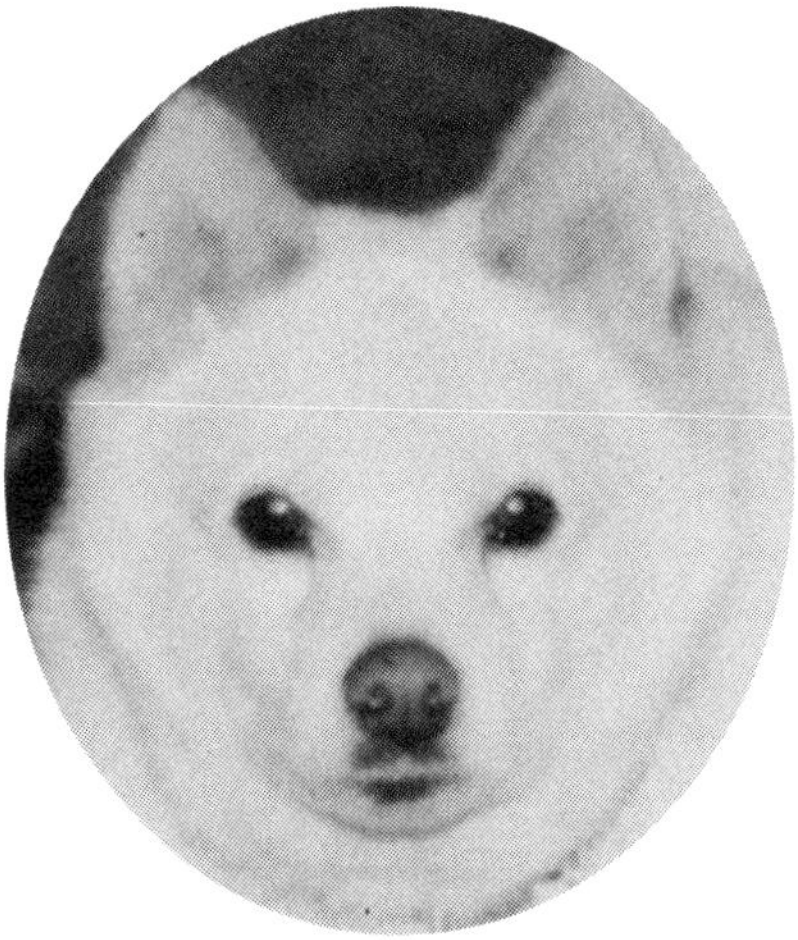

関《せき》　朝之《ともゆき》／作《さく》

ハート出版

はじめに

北陸地方最大《ほくりくちほうさいだい》の都市《とし》である石川県金沢市《いしかわけんかなざわし》は、歴史《れきし》のある古《ふる》い町《まち》です。現在《げんざい》、その玄関口《げんかんぐち》の駅前周辺《えきまえしゅうへん》は、背《せ》の高《たか》いビルが立《た》ち並《なら》び、近代化《きんだいか》が進《すす》んでいます。

その金沢《かなざわ》には、有名《ゆうめい》な庭園《ていえん》である兼六園《けんろくえん》や、武家屋敷跡《ぶけやしきあと》などがあります。

これらの観光地《かんこうち》へとつづく駅前《えきまえ》からの大通《おおどお》りをそれて、路地裏《ろじうら》に足《あし》を踏《ふ》み入《い》れると、昔《むかし》ながらの街並《まちな》みが広《ひろ》がります。その一角《いっかく》に「瓢箪町《ひょうたんまち》」という街《まち》があります。

この街《まち》の「瓢箪町小学校《ひょうたんまちしょうがっこう》」に一匹《いっぴき》の子犬《こいぬ》がもらわれてきたのは、「昭和《しょうわ》」という時代《じだい》が終《お》わろうとしていた頃《ころ》のことでした。

犬《いぬ》の名前《なまえ》はマリリン。当時《とうじ》、映画《えいが》で話題《わだい》になっていた犬《いぬ》と同《おな》じ名前《なまえ》です。

【石川県《いしかわけん》の地図《ちず》】

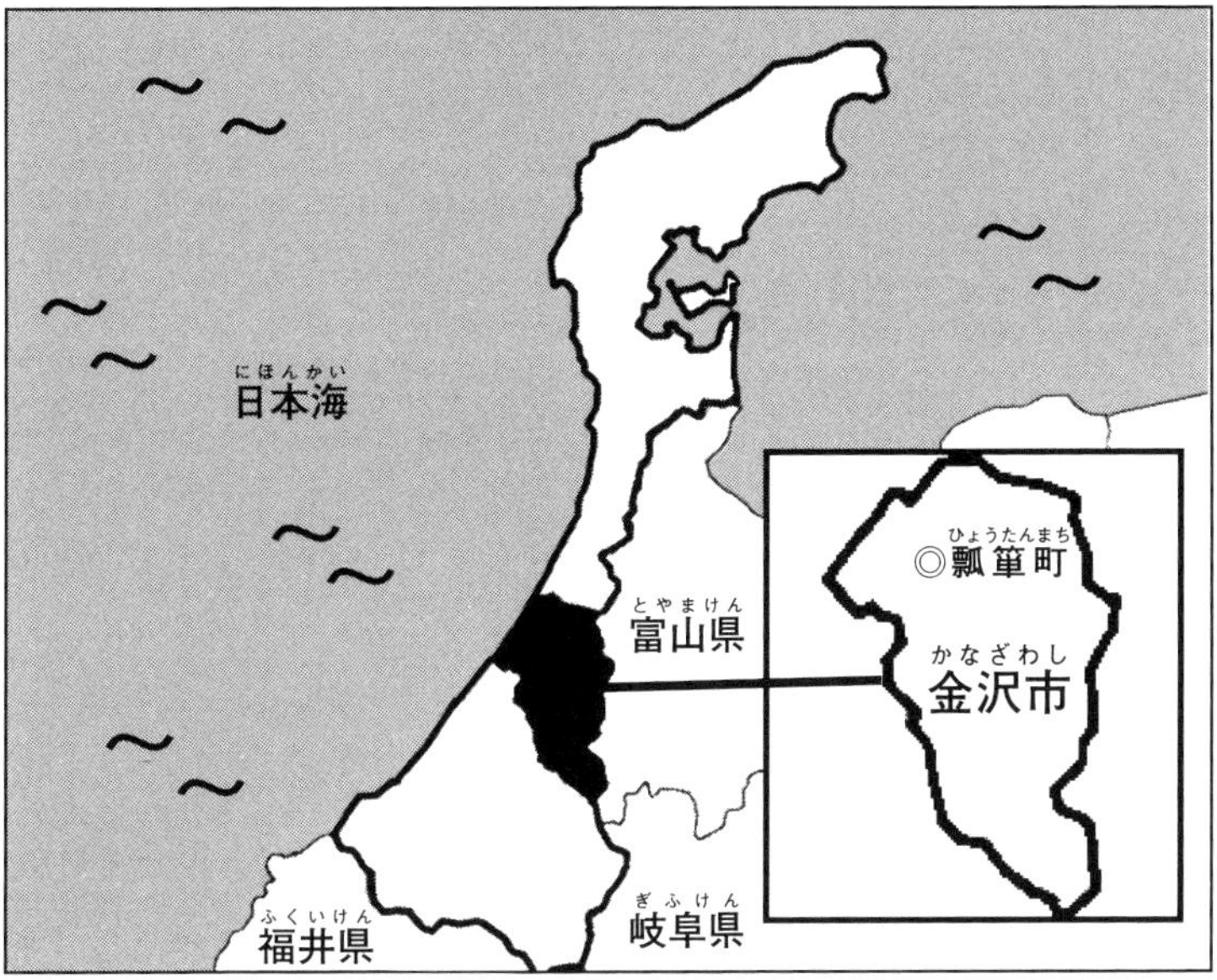

瓢箪町小学校《ひょうたんまちしょうがっこう》のマリリンには、映画《えいが》になるほどびっくりする物語《ものがたり》はありません。でも、もしかしたら世界《せかい》で一番幸《いちばんしあわ》せな、みんなから愛《あい》された犬《いぬ》のお話《はなし》かもしれません。地域《ちいき》や小学校《しょうがっこう》で十六年間暮《じゅうろくねんかんく》らしたマリリンという名《な》の犬《いぬ》と、その周《まわ》りの人情豊《にんじょうゆた》かな人《ひと》たちのなにげない日常《にちじょう》を描《えが》いた、静《しず》かだけれど胸《むね》にしみいる物語《ものがたり》です。

[もくじ]

はじめに／2
タヌキみたいな母犬《ははいぬ》／6
常識《じょうしき》を超《こ》えて／20
校長先生《こうちょうせんせい》との約束《やくそく》／36
放課後《ほうかご》の友情《ゆうじょう》／48
「学校犬《がっこうけん》」から「地域犬《ちいきけん》」へ／56
お母《かあ》さんになったマリリン／62
帰《かえ》ってきたマリリン／74
勉君《つとむくん》、学校《がっこう》に行《い》く／84

さよなら、ララ／96
想《おも》い出《で》のチーズ／104
マリリンは死《し》なんよ／112
たくさんの想《おも》いに包《つつ》まれながら／124
心《こころ》から愛《あい》された犬《いぬ》、ここに眠《ねむ》る／134
十六年目《じゅうろくねんめ》の伝言《でんごん》／144
おわりに／154

タヌキみたいな母犬《ははいぬ》

石川県小松市《いしかわけんこまつし》の大杉町《おおすぎまち》に、「小松少年自然《こまつしょうねんしぜん》の家《いえ》」と呼《よ》ばれる建物《たてもの》があります。その名前《なまえ》の通《とお》り、周囲《しゅうい》を杉《すぎ》の木々《きぎ》が囲《かこ》み、裏《うら》には小《ちい》さな山《やま》もある、自然《しぜん》のなかの施設《しせつ》です。

この地域《ちいき》は、昔《むかし》から林業《りんぎょう》が盛《さか》んで、燃料《ねんりょう》に使《つか》うための木炭作《もくたんづく》りも行《おこな》われていました。けれども、日本《にほん》の林業《りんぎょう》が下火《したび》になってくると、大杉町《おおすぎまち》の山里《やまざと》で木《き》を切《き》って生活《せいかつ》していた人《ひと》たちは、よその土地《とち》へと移《うつ》っていきました。

すると、地域《ちいき》にあった大杉小学校《おおすぎしょうがっこう》の児童《じどう》が少《すく》なくなり、廃校《はいこう》の日《ひ》を迎《むか》えました。

その大杉小学校《おおすぎしょうがっこう》が、県内《けんない》の子《こ》どもたちに自然《しぜん》を体験《たいけん》させる「小松少年自然《こまつしょうねんしぜん》の

【小松少年自然《こまつしょうねんしぜん》の家《いえ》】

山《やま》に囲《かこ》まれた自然《しぜん》がいっぱいのこの施設《しせつ》で、小学生《しょうがくせい》たちが体験宿泊《たいけんしゅくはく》をしたりするんだ。

家《いえ》」として生《う》まれ変《か》わったのです。

この施設《しせつ》にやってくる子《こ》どもたちは、春《はる》から秋《あき》にかけて、ハイキングをしたり、薪《たきぎ》でごはんをたいたり、ぜんまい・わらびなどの山菜《さんさい》を採《と》ったり、川《かわ》に放流《ほうりゅう》されたイワナをつかみ取《ど》りしたりします。それから、冬《ふゆ》にはスキーを教《おそ》わったりもしています。

また、小松市《こまつし》の中心街《ちゅうしんがい》から「自然《しぜん》の家《いえ》」に向《む》かう山道《さんどう》では、ワシが空《そら》から急降下《きゅうこうか》してきたり、タヌキが渡《わた》ろうとしたりして、ときたま自動車《じどうしゃ》にぶつかってしまいます。すると、飛《と》べなくなったワシや歩《ある》けなくなったタヌキが、「自然《しぜん》の家《いえ》」に保護《ほご》されることもあります。そこに獣医《じゅうい》さんを呼《よ》んで、手当《てあ》てをして、自然《しぜん》のなかに返《かえ》すのです。

そんな「自然《しぜん》の家《いえ》」に、首輪《くびわ》をつけたメス犬《いぬ》が現《あらわ》れたのは、昭和六十三年《しょうわろくじゅうさんねん》になったばかりの、寒《さむ》い日《ひ》のことでした。

「自然《しぜん》の家《いえ》」に宿泊《しゅくはく》する子《こ》どもたちに、竹《たけ》トンボ・コマなどの作《つく》り方《かた》などを教《おし》えていた職員《しょくいん》の岩井光雄《いわいみつお》さんが、玄関口《げんかんぐち》で今《いま》にも倒《たお》れてしまいそうな薄茶色《うすちゃいろ》の雑種犬《ざっしゅけん》を見《み》つけたのです。

――なんか動物《どうぶつ》がいるぞ。またタヌキが来《き》たに違《ちが》いない。ずいぶんと人間《にんげん》を警戒《けいかい》しないタヌキだなぁ……。

岩井《いわい》さんが近《ちか》づいていくと、やせたメス犬《いぬ》だということがわかりました。「自然《しぜん》の家《いえ》」に来《き》て三年《さんねん》が過《す》ぎた岩井《いわい》さんも、初《はじ》めて目《め》にする犬《いぬ》です。

――見《み》かけない犬《いぬ》だなぁ。なんで、こんな山《やま》のなかに、首輪《くびわ》をした犬《いぬ》がいるんだろう……。

「捨《す》てられちまったのかい？　腹《はら》がへっているだろうに……」

岩井《いわい》さんは、子《こ》どもの頃《ころ》から猫《ねこ》には慣《な》れていたのですが、犬《いぬ》には慣《な》れていません。

そこに、「自然《しぜん》の家《いえ》」で子《こ》どもたちの食事《しょくじ》を作《つく》っている女《おんな》の人《ひと》たちがやってきました。

「みんなが残《のこ》した食《た》べものを捨《す》てるくらいなら、この犬《いぬ》にあげようよ。縁《えん》あって〈自然《しぜん》の家《いえ》〉にやってきたのだから……」

と、弱々《よわよわ》しいまなざしを向《む》けてくるのら犬《いぬ》に、食《た》べものを与《あた》えてみました。すると、ぺろりとたいらげてしまいました。

——よっぽどお腹《なか》をすかせていたんだなぁ……。

岩井《いわい》さんは、のら犬《いぬ》が再《ふたた》びやってきたら、食《た》べものを与《あた》えようと思《おも》っていました。吠《ほ》えることなく、牙《きば》をむき出《だ》すこともないのら犬《いぬ》は、岩井《いわい》さんたちに「ありがとう」とでも言《い》うように、ちらっと顔《かお》を合《あ》わせると、小雪《こゆき》が降《ふ》りはじめた山《やま》のなかに消《き》えていきました。

——この寒《さむ》いなか、あの犬《いぬ》は、山《やま》で野宿《のじゅく》しているんだなぁ……。

小《ちい》さい頃《ころ》に大杉町《おおすぎまち》で暮《く》らしていた岩井《いわい》さんは、自然《しぜん》のなか、それも雪国《ゆきぐに》の冬《ふゆ》に生《い》き抜《ぬ》く厳《きび》しさを知《し》っていました。だから、のら犬《いぬ》のことが気《き》になりました。これまで犬《いぬ》が好《す》きではなかった岩井《いわい》さんでしたが、人間《にんげん》が少《すく》なくなったさびしい山里《やまざと》に捨《す》てられ、寒《さむ》そうに目《め》を細《ほそ》めながら雪《ゆき》のなかをさまようのら犬《いぬ》を、ほおっておけない気持《きも》ちがわいてきたのです。

次《つぎ》の日《ひ》も、のら犬《いぬ》は、「自然《しぜん》の家《いえ》」にやってきました。

「ポン子《こ》。よく来《き》たなぁ。腹《はら》がへっているんだろ?」

岩井《いわい》さんは、ポンポコポンとお腹《なか》をたたくイメージがあるタヌキに似《に》ていることから、のら犬《いぬ》を「ポン子《こ》」と名《な》づけました。

それから数日《すうじつ》の間《あいだ》、岩井《いわい》さんや調理《ちょうり》のおばさんたちは、給食《きゅうしょく》の残《のこ》りを与《あた》えつづけました。そして、お腹《なか》をいっぱいにしたポン子《こ》は、ネグラのある裏山《うらやま》に消《き》えていくことをくり返《かえ》していました。

もともと人《ひと》なつこかったポン子《こ》は、「自然《しぜん》の家《いえ》」の人《ひと》たちになつきはじめました。

そこで岩井《いわい》さんは、ぞうりを作《つく》るためのなわをつなぎ合《あ》わせて、一本《いっぽん》のひもをこしらえました。それをポン子《こ》の首輪《くびわ》に結《むす》び、いっしょに山里《やまざと》を歩《ある》くようになりました。

けれども、どこかにひもを結《むす》びつけているわけではないポン子《こ》は、宿泊体験《しゅくはくたいけん》にやってくる子《こ》どもたちといっしょに、周囲《しゅうい》を走《はし》り回《まわ》っていました。

子《こ》どもたちは、岩井《いわい》さんに必《かなら》ずたずねてきました。

「おじさん。あの犬《いぬ》は、なんていう名前《なまえ》なの？」

岩井《いわい》さんは、胸《むね》をはって答《こた》えます。

「ポン子《こ》や。愛嬌《あいきょう》のあるいい名前《なまえ》やろ」

「ポン子《こ》‼　面白《おもしろ》い名前《なまえ》だね」

こうして、ポン子《こ》は子《こ》どもたちとともに自然《しぜん》のなかで遊《あそ》びまわる日々《ひび》を送《おく》っていました。

——自然《しぜん》のなかに犬《いぬ》が一匹《いっぴき》いるだけで、子《こ》どもたちは大喜《おおよろこ》びするんだなぁ……。

岩井《いわい》さんは、子《こ》どもたちとふれあう一匹《いっぴき》の犬《いぬ》を見《み》て、そんなことを思《おも》っていました。

「自然《しぜん》の家《いえ》」の裏山《うらやま》に積《つ》もっていた雪《ゆき》も溶《と》けて、周囲《しゅうい》の木々《きぎ》が背伸《せの》びをする春《はる》がやってきました。

いつものように、岩井《いわい》さんが食《た》べものを用意《ようい》して「自然《しぜん》の家《いえ》」の裏手《うらて》でポン子《こ》を待《ま》っていました。

すると、ふらふらになって山《やま》を下《お》りてくるポン子《こ》の姿《すがた》が見《み》えました。

「ポン子《こ》。どうしたんじゃ！」

岩井《いわい》さんが近《ちか》づくと、ポン子《こ》は息《いき》も絶《た》え絶《だ》えでした。

どうやらポン子《こ》は、誰《だれ》かが害虫駆除《がいちゅうくじょ》のためにまいた毒《どく》を口《くち》にしてしまったらしいのです。

――このままでは、ポン子《こ》が死《し》んでしまうわい……。

岩井《いわい》さんは、急《いそ》いで動物病院《どうぶつびょういん》に電話《でんわ》をしました。

「〈自然《しぜん》の家《いえ》〉やけど、犬《いぬ》が農薬《のうやく》かなにかを飲《の》み込《こ》んでしまい、今《いま》にも死《し》にそうなんじゃ」

獣医《じゅうい》さんが、急《いそ》いでかけつけてくれることになりました。しかし街《まち》から離《はな》れた山里《やまざと》のこと、到着《とうちゃく》するまでは時間《じかん》がかかりそうです。

電話《でんわ》をかけ終《お》わった岩井《いわい》さんが裏手《うらて》に戻《もど》ると、ポン子《こ》の姿《すがた》はありません。山《やま》のなかへ帰《かえ》ってしまったのか、どこを探《さが》しても見《み》つからないのです。

「どこへ行ったんだぁ〜〜。お〜〜い、ポン子《こ》ぉ〜〜」

――さっきは、わしに最後《さいご》のあいさつにきたのかのぉ……。

岩井《いわい》さんは、ポン子《こ》が死《し》に場所《ばしょ》を求《もと》めて山《やま》のなかに消《き》えてしまったのではないか、と心配《しんぱい》になりました。

結局、この日《ひ》、ポン子《こ》は岩井《いわい》さんの前《まえ》に姿《すがた》を現《あらわ》しませんでした。

あくる日《ひ》――。

岩井《いわい》さんは、もうポン子《こ》の姿《すがた》を見《み》ることはないだろうと思《おも》っていました。しかし、いつも食《た》べものをあげていた時間《じかん》になると、なにごともなかったかのように、ポン子《こ》が裏山《うらやま》から下《お》りてきました。

「ポン子《こ》。おまえ、生《い》きておったのか……」

岩井《いわい》さんは、ポン子《こ》を抱《だ》きしめました。ポン子《こ》は、昨日《きのう》の姿《すがた》がうそのように、すっかり元気《げんき》を取《と》り戻《もど》していました。

――そうじゃったのか……。

岩井《いわい》さんは、ポン子《こ》が山《やま》に消《き》えたのは、薬草《やくそう》を探《さが》して毒素《どくそ》といっしょに吐《は》き出《だ》すためだったと思《おも》ったのです。

――誰《だれ》から教《おそ》わったわけでもなく、どうしたら自然《しぜん》のなかで生《い》きていけるのかを、動物《どうぶつ》は知《し》っておるんじゃ……。

「自然《しぜん》の家《いえ》」にやってくる小学生《しょうがくせい》に、自然《しぜん》とともに生《い》きていく知恵《ちえ》を教《おし》えている岩井《いわい》さんも、動物《どうぶつ》の本能《ほんのう》には驚《おどろ》くばかりでした。

岩井《いわい》さんが、ポン子《こ》と出会《であ》って半年《はんとし》が過《す》ぎようとしていました。若葉《わかば》が生《お》い茂《しげ》る季節《きせつ》が大杉町《おおすぎまち》の山里《やまざと》にもやってきたのです。

あんなにやせていたポン子《こ》も、ふっくらとしてきました。すると、岩井《いわい》さんは、ポン子《こ》のお腹《なか》のなかにあかちゃんがいることに気《き》がつきました。

そして、「自然《しぜん》の家《いえ》」の裏《うら》にある小《ち》いさな物置《ものおき》にわらを敷《し》き詰《つ》めました。これから産《う》まれてくる子犬《こいぬ》たちが乳離《ちばな》れするまで、この場所《ばしょ》で面倒《めんどう》をみようと思《おも》ったのです。

「ポン子《こ》。ここでゆっくりと子犬《こいぬ》を産《う》んで、育《そだ》てろよ。別《べつ》に山《やま》のなかで産《う》まなくてもいいんだろ？　間《ま》もなく梅雨《つゆ》がやってくるしなぁ」

【マリリンが生《う》まれた小屋《こや》と岩井《いわい》さん】
マリリンやシロはここで生《う》まれたんだよ。

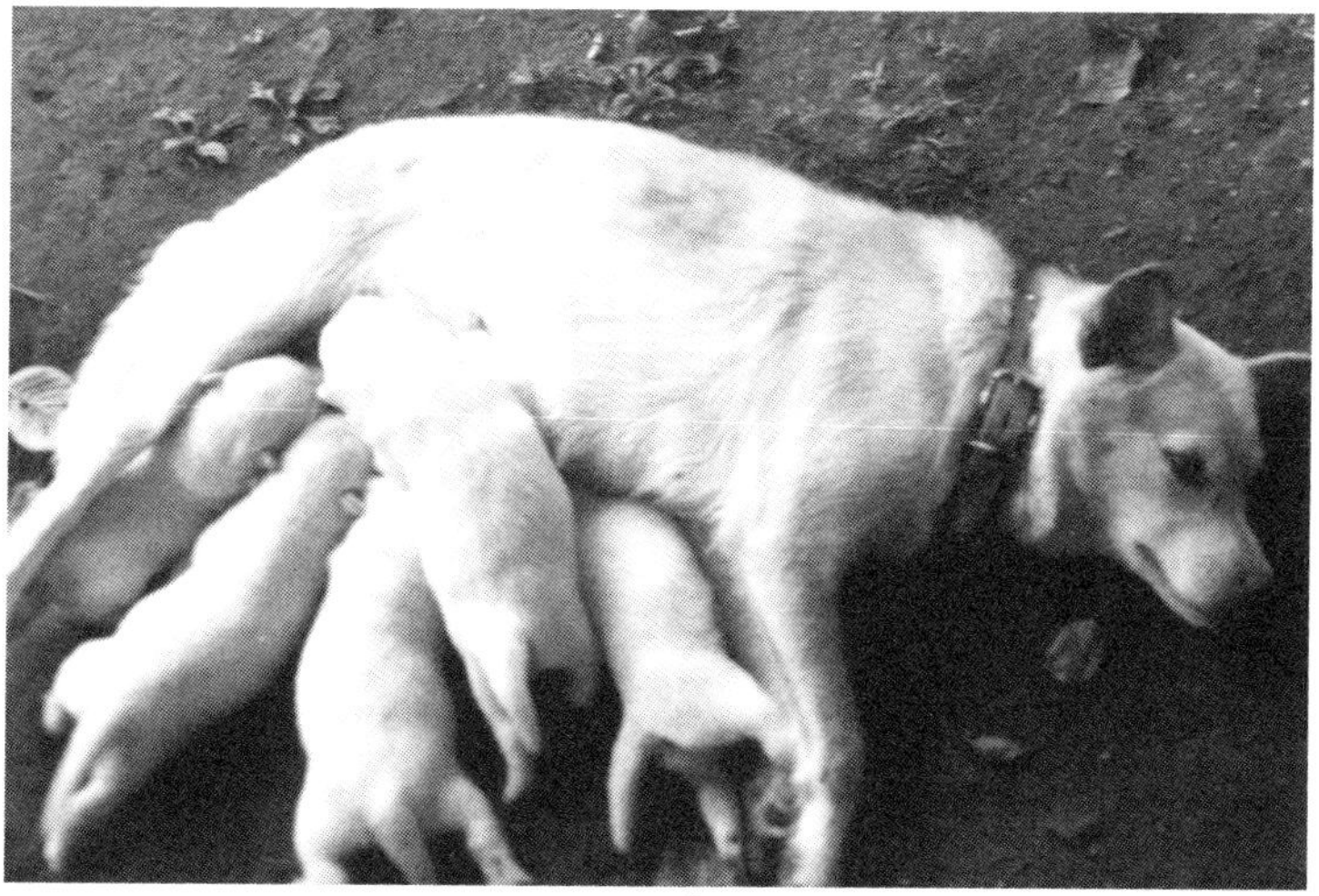

【ポン子《こ》】
マリリンのお母《かあ》さん。お乳《ちち》をすっているのがマリリンたちだ。

そんな岩井《いわい》さんの気持《きも》ちが通《つう》じたのか、物置小屋《ものおきごや》に棲《す》みはじめた数日後《すうじつご》、ポン子《こ》は子犬《こいぬ》を産《う》みました。

「一《いち》、二《に》、……五《ご》。五匹《ごひき》、産《う》んだか……」

――あの、やせ衰《おとろ》えていた捨《す》て犬《いぬ》のポン子《こ》が、母犬《ははいぬ》になったんだなぁ……。

岩井《いわい》さんは感慨深《かんがいぶか》げでした。

梅雨《つゆ》が明《あ》けて夏《なつ》がめぐってくると、乳離《ちばな》れをした五匹《ごひき》の子犬《こいぬ》は、周囲《しゅうい》の運動場《うんどうじょう》や裏山《うらやま》をかけ回《まわ》るようになりました。そして、ポン子《こ》といっしょに「自然《しぜん》の家《いえ》」に出勤《しゅっきん》してくる岩井《いわい》さんたちを、毎日《まいにち》、駐車場《ちゅうしゃじょう》で迎《むか》えてくれました。もちろん、「自然《しぜん》の家《いえ》」に宿泊体験《しゅくはくたいけん》にやってくる子《こ》どもたちの人気者《にんきもの》になりました。

そんななかで、岩井《いわい》さんは、子犬《こいぬ》たちを野生《やせい》のままにしてはいけない、と思《おも》いはじめていました。

——なんとか里親《さとおや》を見《み》つけられないものかなぁ。う〜ん、そうだ。この一匹《いっぴき》を、わしが家《いえ》で飼《か》おう……。

岩井《いわい》さんは、まず五匹《ごひき》のなかで一匹《いっぴき》だけいたオス犬《いぬ》を自分《じぶん》で育《そだ》てることにしました。その犬《いぬ》には「幸《しあわ》せになれ！」という意味《いみ》を込《こ》めて、「ハッピー」と名《な》づけました。

残《のこ》りの四匹《よんひき》のなかの一匹《いっぴき》の子犬《こいぬ》が、のちに「マリリン」という名前《なまえ》をつけられて、小学校《しょうがっこう》で暮《く》らす犬《いぬ》となるのです。

常識《じょうしき》を超《こ》えて

大杉町《おおすぎまち》の山里《やまざと》に、朝夕《あさゆう》、さわやかな風《かぜ》が吹《ふ》きぬけていく秋《あき》がやってきました。

そんな九月《くがつ》のある日《ひ》、「小松少年自然《こまつしょうねんしぜん》の家《いえ》」に金沢市立瓢箪町小学校《かなざわしりつひょうたんまちしょうがっこう》の四年生《よねんせい》と五年生《ごねんせい》が、一泊二日《いっぱくふつか》の宿泊体験《しゅくはくたいけん》をしにやってきました。

貸《か》し切《き》りバスから降《お》りてくる子《こ》どもたちを迎《むか》えたのは、岩井《いわい》さんたち職員《しょくいん》と、ポン子《こ》と生後三ヵ月《せいごさんかげつ》の四匹《よんひき》の子犬《こいぬ》たちでした。

子犬《こいぬ》たちは、敷地内《しきちない》で整列《せいれつ》をしながら先生《せんせい》の話《はなし》を聞《き》いている子《こ》どもたちの回《まわ》りを、うろうろしています。

「うわぁ〜〜。かわいい」

子《こ》どもたちのひとり、五年生《ごねんせい》の清水早苗《しみずさなえ》ちゃんが、目《め》に飛《と》び込《こ》んできた子犬《こいぬ》の愛《あい》らしさに思《おも》わず声《こえ》をあげました。

同級生《どうきゅうせい》や下級生《かきゅうせい》たちも同《おな》じように、コロコロとかけ回《まわ》る子犬《こいぬ》の姿《すがた》が気《き》になってしかたがありません。

先生《せんせい》の話《はなし》が一通《ひととお》り終《お》わり、施設《しせつ》に入《はい》ろうとしている子《こ》どもたちのそばを、子犬《こいぬ》たちは、ちょろちょろとまとわりつきました。

岩井《いわい》さんは、子犬《こいぬ》たちを指《ゆび》さしながら、早苗《さなえ》ちゃんに言《い》いました。

「あの子犬《こいぬ》たちの里親《さとおや》を探《さが》しているんじゃ」

「子犬《こいぬ》の里親《さとおや》？」

「うん。子犬《こいぬ》をもらって育《そだ》ててくれる人《ひと》のことじゃ」

「へぇ～～。誰《だれ》がもらってもいいの？」

「あぁ。子犬《こいぬ》を幸《しあわ》せにしてくれると約束《やくそく》してくれるならな……。どの子犬《こいぬ》も母犬《ははいぬ》に似《に》て、人《ひと》なつこいおだやかな性格《せいかく》なんじゃ」

犬《いぬ》が大好《だいす》きな早苗《さなえ》ちゃんは、できることなら家《いえ》で飼《か》ってみたいと思《おも》っていました。しかし、家《いえ》がお弁当屋《べんとうや》さんをしていて、衛生的《えいせいてき》に生《い》きものを飼《か》えません。

施設内《しせつない》に荷物《にもつ》を置《お》いた子《こ》どもたちは、周囲《しゅうい》の散策《さんさく》に出《で》かけました。その後《ご》、夕食《ゆうしょく》前《まえ》の集《あつ》まりが敷地内《しきちない》で行《おこな》われました。やはり、子犬《こいぬ》たちは、みんなのまわりを走《はし》っています。子《こ》どもたちは、子犬《こいぬ》のことが気《き》になって仕方《しかた》がありません。

子《こ》どもたちが暮《く》らす瓢箪町周辺《ひょうたんまちしゅうへん》は、昔《むかし》ながらの静《しず》かなたたずまいを残《のこ》す家《いえ》がたくさんあって、犬《いぬ》を飼《か》っている家庭《かてい》は多《おお》くない地域《ちいき》です。だから、瓢箪町小学校《ひょうたんまちしょうがっこう》の子《こ》どもたちは、目《め》の前《まえ》の愛《あい》らしい子犬《こいぬ》を、学校《がっこう》で飼《か》えないだろうかと思《おも》いはじめていました。

そのことを友《とも》だち同士《どうし》で話《はな》し合《あ》った早苗《さなえ》ちゃんは、集《あつ》まりが終《お》わると、女《おんな》の子《こ》三人《さんにん》といっしょに、担任《たんにん》の嶋口《しまぐち》外樹正《ときまさ》先生《せんせい》に相談《そうだん》しました。

「嶋口先生《しまぐちせんせい》。学校《がっこう》で犬《いぬ》を飼《か》ってはいけないでしょうか？」

すかさず、他《ほか》の女《おんな》の子《こ》たちも嶋口先生《しまぐちせんせい》に頼《たの》みこみました。

「先生《せんせい》。子犬《こいぬ》を一匹《いっぴき》だけ、連《つ》れて帰《かえ》ってもいいでしょ？」

「お願《ねが》いします。先生《せんせい》」

「ねえ、先生《せんせい》」

女《おんな》の子《こ》たちは真剣《しんけん》です。しかし、ウサギやニワトリではなく、牙《きば》を持《も》った犬《いぬ》です。

嶋口先生《しまぐちせんせい》は困《こま》ってしまいました。

「みんなが、それだけ飼《か》いたいと思《おも》うなら、校長先生《こうちょうせんせい》にお願《ねが》いしてみなさい。先生《せんせい》ひとりでは決《き》められないから……」

ちょうど、校長《こうちょう》の山形喜一郎先生《やまがたきいちろうせんせい》も宿泊体験《しゅくはくたいけん》に参加《さんか》していました。

「えっ、校長先生《こうちょうせんせい》に直接《ちょくせつ》お願《ねが》いしていいの？」

「なんて言《い》われるかなぁ……」

「犬《いぬ》を飼《か》っている小学校《しょうがっこう》なんて聞《き》いたことある？」

「ない、ない」

「ないよねぇ、大丈夫《だいじょうぶ》かなぁ？」

「言《い》うだけ言《い》ってみようよ。みんなでお願《ねが》いすれば、なんとかなるかもしれないよ」

「そうだ、そうだよ」

早苗《さなえ》ちゃんたちの視線《しせん》の先《さき》では、子犬《こいぬ》たちが「キャン、キャン」と鳴《な》きながら、走《はし》り回《まわ》っています。

今《いま》ここでなんとかしなければ、明日《あした》には子犬《こいぬ》とお別《わか》れになってしまい、二度《にど》と会《あ》えなくなってしまいます。早苗《さなえ》ちゃんたちは、勇気《ゆうき》を出《だ》して、ゆっくりと校長先生《こうちょうせんせい》のそばに歩《ある》いていきました。

「校長先生《こうちょうせんせい》？」

「なんだい。清水《しみず》さん？」

「あのぉ～～」

「うん？」

「子犬《こいぬ》を学校《がっこう》で飼《か》ってもいいですか？」

校長先生《こうちょうせんせい》は、太《ふと》い腕《うで》を組《く》みました。

「う～～ん。そうだねぇ……」

早苗《さなえ》ちゃんたちの心臓《しんぞう》が、「ドクンドクン」と鳴《な》りだしました。

「君《きみ》たちだけで面倒《めんどう》を見《み》ることができるかい？」

校長先生《こうちょうせんせい》は眼鏡《めがね》の下《した》の目玉《めだま》をギョロリとさせました。

「できる。できる！　あっ、できます！」

校長先生《こうちょうせんせい》は、また目玉《めだま》をギョロリとさせて言《い》いました。

「じゃあ、夕食後《ゆうしょくご》にみんなで多数決《たすうけつ》をとりましょう」

「やった！」

「よかった！」

みんなも大喜《おおよろこ》びです。

すると校長先生《こうちょうせんせい》は、またまた目玉《めだま》をギョロリとさせて言《い》いました。

「おいおい、君《きみ》たち。まだ飼《か》うと決《き》まったわけではないんだよ」

――子《こ》どもたちはいいとして、問題《もんだい》は親御《おやご》さんたちだ。学校《がっこう》で犬《いぬ》を飼《か》うとなると、いろいろと心配《しんぱい》する人《ひと》もいるだろうし……。まあ、そのときはそのときで、子《こ》どもたちといっしょに考《かんが》えればいいか……。

校長先生《こうちょうせんせい》は、子犬《こいぬ》たちと遊《あそ》んでいる子《こ》どもたちを見《み》ながら、また腕《うで》を組《く》み、目玉《めだま》をギョロリとさせました。

校長《こうちょう》の山形先生《やまがたせんせい》は、よく金沢市内《かなざわしない》の自宅《じたく》に仲間《なかま》の先生《せんせい》たちを呼《よ》んでは、お酒《さけ》や料理《りょうり》をふるまって、いろいろなことを話《はな》し合《あ》う、どこか豪快《ごうかい》な雰囲気《ふんいき》がある人《ひと》でした。もともと理科《りか》が専門《せんもん》で、何十年《なんじゅうねん》もの間《あいだ》、子《こ》どもたちに生《い》きものの命《いのち》の不思議《ふしぎ》さ

【山形喜一郎《やまがたきいちろう》校長《こうちょう》】

この先生《せんせい》がいなかったら、マリリンが瓢箪町小学校《ひょうたんまちしょうがっこう》に来《く》ることはなかったんだね。

や尊《とうと》さを教《おし》えていました。

早苗《さなえ》ちゃんたちは、子犬《こいぬ》たちと遊《あそ》びながら、もらって帰《かえ》る子犬《こいぬ》を決《き》めはじめました。

「どの犬《いぬ》にしようか？」

「この犬《いぬ》がいい」

「いやだ〜〜、こっちの犬《いぬ》がいいよ」

父犬《ちちいぬ》も母犬《ははいぬ》も雑種《ざっしゅ》だったので、子犬《こいぬ》たちにはいろいろな模様《もよう》が際立《きわだ》ってきていました。女《おんな》の子《こ》たちは、そのなかから、スマートでおとなしそうな真《ま》っ白《しろ》い子犬《こいぬ》を選《えら》びました。

夕食後《ゆうしょくご》、大広間《おおひろま》で子《こ》どもたちの多数決《たすうけつ》が行《おこな》われました。

「子犬《こいぬ》をもらって学校《がっこう》で飼《か》うか、それとも、このまま置《お》いて帰《かえ》るか、多数決《たすうけつ》をします。では、子犬《こいぬ》を学校《がっこう》で飼《か》うことに賛成《さんせい》の人《ひと》は手《て》を上《あ》げてくだ……」

と子《こ》どもたちの代表《だいひょう》の話《はなし》が終《お》わらないうちに、ほとんどの女《おんな》の子《こ》たちの手《て》が上《あ》がりました。

「は～～い」

「は～～い」

……

「は～～い」

そのあとに男《おとこ》の子《こ》たちも手《て》を上《あ》げました。

そんな男《おとこ》の子《こ》たちのひとり、山本達也君《やまもとたつやくん》は犬《いぬ》が大《だい》の苦手《にがて》でした。

――うわぁ～～。弱《よわ》ったなぁ……。

でも早苗《さなえ》ちゃんたち女子《じょし》の迫力《はくりょく》におされて、ゆっくりと右手《みぎて》を上《あ》げようとしては、下《さ》げていました。

ほとんどの子《こ》どもたちの手《て》が上《あ》がったところで、校長先生《こうちょうせんせい》の話《はなし》が始《はじ》まりました。

「犬《いぬ》は生《い》きものです。かわいがるだけではなく、世話《せわ》をしないと死《し》んでしまいます。生《い》きものを育《そだ》てるということは、命《いのち》を預《あず》かることですよ。毎日《まいにち》の散歩《さんぽ》や食事《しょくじ》の世話《せわ》、ウンチの始末《しまつ》を君《きみ》たちだけで協力《きょうりょく》してすることができますか？」

「はい！」

「やります！」

「責任《せきにん》を持《も》ってがんばります！」

「しっかり世話《せわ》をするから、学校《がっこう》で飼《か》ってほしいんです！」

「校長先生《こうちょうせんせい》、約束《やくそく》します！」

そんな声《こえ》が、子《こ》どもたちから聞《き》かれました。

「みんなの力《ちから》で精一杯《せいいっぱい》、育《そだ》てるという約束《やくそく》をしてくれるのなら、子犬《こいぬ》を一匹《いっぴき》もらって帰《かえ》りましょう」

「うわぁ～、やったぁ～。あれっ？　山本君《やまもとくん》は、うれしくないの？」

達也君《たつやくん》は、早苗《さなえ》ちゃんに言《い》われ、あわてて、

「えっ⁉ もちろん、うれしいさ……」

と返事《へんじ》をしました。でも心《こころ》のなかは不安《ふあん》でいっぱいでした。


翌日《よくじつ》――。

一泊二日《いっぱくふつか》の宿泊体験《しゅくはくたいけん》を終《お》えた子《こ》どもたちは、「自然《しぜん》の家《いえ》」での想《おも》い出《で》を抱《かか》えながら、バスに乗《の》り込《こ》みました。

前《まえ》のほうの座席《ざせき》に腰《こし》を下《お》ろした達也君《たつやくん》は、女《おんな》の子《こ》たちに犬《いぬ》が苦手《にがて》なことを知《し》られたくありません。だから、早苗《さなえ》ちゃんたちが子犬《こいぬ》を抱《だ》いて横《よこ》を通《とお》ると、窓《まど》の風景《ふうけい》を見《み》ているふりをしました。

――ほんとうに子犬《こいぬ》を連《つ》れて帰《かえ》るんだなぁ……。

早苗《さなえ》ちゃんたちが、バスの後《うし》ろのほうに置《お》いたダンボール箱《ばこ》に子犬《こいぬ》を入《い》れると、

達也君《たつやくん》は胸《むね》をなでおろしました。

——あぁ、よかった。子犬《こいぬ》は後《うし》ろに行《い》ってしまった……。

その達也君《たつやくん》が、ホッとして前《まえ》を向《む》くと、目《め》の前《まえ》にもう一匹《いっぴき》の犬《いぬ》がいるではありませんか。

その犬《いぬ》は嶋口先生《しまぐちせんせい》が抱《だ》きしめていました。

——わぁ～～、びっくりした‼　でも、なんで二匹《にひき》も……。

早苗《さなえ》ちゃんが嶋口先生《しまぐちせんせい》に言《い》いました。

「嶋口先生《しまぐちせんせい》。学校《がっこう》に連《つ》れて帰《かえ》るのは、こっちの犬《いぬ》ですよ」

「いいんだよ」

「えっ⁉」

「この子犬《こいぬ》は、先生《せんせい》の家《いえ》で飼《か》うんだよ」

「えっ⁉」

【嶋口先生《しまぐちせんせい》】
早苗《さなえ》ちゃんや達也君《たつやくん》の担任《たんにん》の先生《せんせい》だったんだ。

【シロ】
マリリンの姉妹《しまい》だよ。毛《け》がもこもこしてかわいいね。

「なぁ、シロ」

「シロ？」

「そうさ、真《ま》っ白《しろ》だからシロなんだ」

「なんか単純《たんじゅん》……」

「じゃあ、学校《がっこう》で飼《か》う犬《いぬ》は、どんな名前《なまえ》にするんだい？」

「学校《がっこう》に帰《かえ》ったら、みんなで考《かんが》えます」

窓《まど》の外《そと》の岩井《いわい》さんは、別《わか》れを惜《お》しみながらも、子犬《こいぬ》の旅立《たびだ》ちを手《て》を振《ふ》って祝《いわ》ってくれました。

「お〜〜い。みんなぁ〜〜、子犬《こいぬ》をよろしく頼《たの》むぞぉ〜〜」

早苗《さなえ》ちゃんは、窓《まど》を開《あ》けて大声《おおごえ》でこたえました。

「おじさ〜〜ん。まかせてぇ〜〜」

こうして、二匹《にひき》の子犬《こいぬ》も乗《の》り込《こ》んだバスは、金沢《かなざわ》へ向《む》けて出発《しゅっぱつ》しました。

バスのなかで、早苗《さなえ》ちゃんたちは、ダンボール箱《ばこ》のなかの子犬《こいぬ》に話《はな》しかけたり、頭《あたま》をなでたりしています。一方《いっぽう》、達也君《たつやくん》は、犬《いぬ》がダンボール箱《ばこ》から抜《ぬ》け出《だ》してきやしないかと気《き》が気《き》でなりませんでした。

校長先生《こうちょうせんせい》との約束《やくそく》

瓢簞町小学校《ひょうたんまちしょうがっこう》に白《しろ》い子犬《こいぬ》がやってきました。喜《よろこ》んだのは宿泊体験《しゅくはくたいけん》に参加《さんか》していない学年《がくねん》の子《こ》どもたちでした。そして、驚《おどろ》いたのは、留守番《るすばん》をしていた先生《せんせい》たちでした。

ほんとうに学校《がっこう》で飼《か》えるのだろうか……。かみついたり、授業《じゅぎょう》のじゃまをしたりしないだろうか……。

一年生《いちねんせい》の担任《たんにん》をしていた市川政枝先生《いちかわまさえせんせい》も、子犬《こいぬ》を連《つ》れて帰《かえ》ってきたのはいいけれど、これからどうするのだろうと心配《しんぱい》していました。それでも、小学生《しょうがくせい》の頃《ころ》、家《いえ》で白《しろ》い犬《いぬ》を飼《か》っていた市川先生《いちかわせんせい》は、母犬《ははいぬ》と別《わか》れて「ク〜ン、ク〜ン」とさみしそうにしているダンボール箱《ばこ》のなかの子犬《こいぬ》が、いとしく思《おも》えてきました。

とにかく、この小《ちい》さな生命《せいめい》を学校全体《がっこうぜんたい》で守《まも》り、育《そだ》てなければなりません。好《す》きとか嫌《きら》いとか、どうしようこうしようとか言《い》っている場合《ばあい》ではなかったのです。

まず子犬《こいぬ》の名前《なまえ》を決《き》めることになり、全校児童《ぜんこうじどう》に投票用紙《とうひょうようし》が配《くば》られました。希望《きぼう》する犬《いぬ》の名前《なまえ》を書《か》いて投票《とうひょう》した結果《けっか》、断《だん》トツの一位《いちい》で「マリリン」に決《き》まりました。

この頃《ころ》に公開《こうかい》されていた映画《えいが》の主役《しゅやく》の犬《いぬ》が恋《こい》をしたメス犬《いぬ》と同《おな》じ名前《なまえ》です。

さて、名前《なまえ》は決《き》まったら、次《つぎ》は食事《しょくじ》や水《みず》かえ、散歩《さんぽ》、ウンチの始末《しまつ》などを誰《だれ》がするのか決《き》めなければなりません。そこで、早苗《さなえ》ちゃんたち五年生《ごねんせい》が中心《ちゅうしん》になって、世話当番《せわとうばん》をしていくことになりました。けれども、マリリンの食《た》べものや狂犬病《きょうけんびょう》の予防接種《よぼうせっしゅ》などのお金《かね》をどうしようかと、困《こま》ってしまいました。

校長先生《こうちょうせんせい》は、何《なに》か考《かんが》えがあるのか知《し》らんぷり。「君《きみ》たちで責任《せきにん》を持《も》って考《かんが》えなさい」と言《い》うばかりです。

お金《かね》がなければ、食《た》べものも買《か》えませんし、獣医《じゅうい》さんの診察《しんさつ》も受《う》けられません。

そこで、早苗《さなえ》ちゃんたちは全校児童《ぜんこうじどう》に募金《ぼきん》を呼《よ》びかけました。おこづかいの少《すく》ない小学生《しょうがくせい》では、たくさんのお金《かね》が出《だ》せません。だから、家《いえ》の人《ひと》からお金《かね》をもらって募金《ぼきん》したのです。すると、一万二千円《いちまんにせんえん》ほどのお金《かね》が集《あつ》まりました。しかし、ドッグフードや食器《しょっき》、首輪《くびわ》などを買《か》っていると、お金《かね》はみるみるうちに減《へ》っていきました。

――これからマリリンの食《た》べもののお金《かね》、どうしようか……。

早苗《さなえ》ちゃんは、ふたりの同級生《どうきゅうせい》と、そんなことを考《かんが》えていました。

「早苗《さなえ》ちゃん。また、みんなが、家《いえ》から少《すこ》しずつお金《かね》をもらってくればすんでしまうことだよ」

「そうそう。また募金《ぼきん》を呼《よ》びかければいいかもしれないね」

けれども、早苗《さなえ》ちゃんは、心《こころ》に「なにか」が引《ひ》っかかっていました。

「この前《まえ》は急《きゅう》だったから募金《ぼきん》をお願《ねが》いしたけど、校長先生《こうちょうせんせい》との〈自分《じぶん》たちの力《ちから》で精一杯《せいいっぱい》、育《そだ》てる〉という約束《やくそく》はどうなっちゃうんだろう？」

「そうだね。親《おや》に頼《たよ》ってたら、自分《じぶん》たちの力《ちから》じゃなくなるもんね。今度《こんど》は自分《じぶん》たちの力《ちから》だけでお金《かね》を集《あつ》めてみようよ」

「うん！　そうだね」

「でも、私《わたし》たちでできることはなんだろう？」

「……」

「そうだ！」

「……!?」

「あれだ！」

「……!?」

「アルミの空《あ》き缶《かん》を集《あつ》めたら、お金《かね》にかえられるよ！」

次《つぎ》の日《ひ》、早苗《さなえ》ちゃんたちは、さっそくクラスメートに呼《よ》びかけました。

「アルミ製《せい》の空《あ》き缶《かん》を集《あつ》めてください！　それを買《か》い取《と》ってもらうんです。そのお金《かね》でマリリンの食《た》べものを買《か》ったり、狂犬病《きょうけんびょう》の予防接種《よぼうせっしゅ》のお金《かね》にしたいと思《おも》います」

そして、協力《きょうりょく》を求《もと》める貼《は》り紙《がみ》もはりました。

マリリンの食《た》べものを買《か》うためのアルミ缶集《かんあつ》めに、ご協力《きょうりょく》お願《ねが》いいたします

こうして、子《こ》どもたちが運営《うんえい》している児童会《じどうかい》を中心《ちゅうしん》に、アルミ缶集《かんあつ》めをして、マリリンを育《そだ》てることになりました。

その日以来《ひいらい》、街《まち》のあちらこちらで「ガシャ、ガシャ」と空《あ》き缶《かん》をつぶす音《おと》が響《ひび》くようになりました。子《こ》どもたちは、一個《いっこ》の缶《かん》をつぶすたびに、おいしそうに食《た》べものを口《くち》にしているマリリンの姿《すがた》を思《おも》い浮《う》かべていました。

早苗《さなえ》ちゃんたちは、大《おお》きなビニール袋《ぶくろ》を持《も》って校門《こうもん》の前《まえ》に立《た》ち、全校児童《ぜんこうじどう》に向《む》かって声《こえ》をはりあげつづけました。

「持《も》ってきてくれた空《あ》き缶《かん》は、この袋《ふくろ》に入《い》れてくださ〜〜い！」

すると、三日間《みっかかん》で二袋半《ふたふくろはん》の空《あ》き缶《かん》が集《あつ》まりました。そこで、たくさん集《あつ》まった缶《かん》を回収業者《かいしゅうぎょうしゃ》に渡《わた》しました。しかし、予想《よそう》していたよりも、はるかに少《すく》ないお金《かね》にしかなりませんでした。

子《こ》どもたちは、犬《いぬ》を飼《か》う「たいへんさ」がわかってきました。しかし、命《いのち》を育《そだ》てる「たいせつさ」も知《し》りました。

こうしたマリリンを育《そだ》てようという気運《きうん》のなか、全校児童《ぜんこうじどう》はそれぞれの家《いえ》で使《つか》った空《あ》き缶《かん》を持《も》ちよりつづけました。そして、登下校《とうげこう》のときには、ほとんどの子《こ》どもが、空《あ》き缶《かん》は落《お》ちていないかな、と目《め》をきょろきょろさせて歩《ある》いていました。それと、町内《ちょうない》の酒屋《さかや》さんには、空《あ》き缶《かん》をもらいにくる子《こ》どもが増《ふ》えて、ビンより缶《かん》のジュースが売《う》れるようになりました。

子《こ》どもたちが気持《きも》ちを一《ひと》つにして集《あつ》めたアルミ缶《かん》は、少《すこ》しずつお金《かね》にかわり、マリリンの食《た》べもの代《だい》などになっていきました。

『小学生《しょうがくせい》が一匹《いっぴき》の子犬《こいぬ》のためにアルミ缶《かん》を集《あつ》めている』――。

こうした空《あ》き缶集《かんあつ》めの様子《ようす》が、地元《じもと》の新聞《しんぶん》に大《おお》きく取《と》り上《あ》げられました。すると、新聞《しんぶん》を読《よ》んだ人《ひと》たちから、小学校《しょうがっこう》に寄付金《きふきん》が送《おく》られてきました。

そのなかに、自分《じぶん》の名前《なまえ》を書《か》かず、『これをマリリンの食《た》べもの代《だい》にしてください』という手紙《てがみ》といっしょに五千円《ごせんえん》を送《おく》りつづけてくる人《ひと》がいました。この名前《なまえ》のない

【当時《とうじ》の瓢箪町小学生《ひょうたんまちしょうがくせい》とマリリン】
(「北國新聞《ほっこくしんぶん》」昭和《しょうわ》63年《ねん》12月《がつ》3日掲載写真《にちけいさいしゃしん》より)

寄付《きふ》がたびたび送《おく》られてくるので、子《こ》どもたちは「なんとかこの手紙《てがみ》の差出人《さしだしにん》にお礼《れい》を言《い》いたい」と考《かんが》えました。しかし、その半面《はんめん》、「名前《なまえ》を書《か》かずに送《おく》ってきてくれるのだから、探《さが》さないほうがいいのかもしれない」という意見《いけん》もありました。そして最終的《さいしゅうてき》に、「一言《ひとこと》だけでもお礼《れい》を告《つ》げよう」という気持《きも》ちが抑《おさ》えきれなくなり、この寄付《きふ》をつづけてくれる人《ひと》を探《さが》すことにしました。

まず、いつも投函《とうかん》してくれる封筒《ふうとう》の消印《けしいん》から、金沢市内《かなざわしない》の「金石《かないわ》」という街《まち》に住《す》む人《ひと》ではないか、と予想《よそう》がつきました。しかし、それ以上《いじょう》は見当《けんとう》もつきません。そこで他《ほか》に探《さが》す方法《ほうほう》はないかと考《かんが》えた早苗《さなえ》ちゃんたちは、地元《じもと》の放送局《ほうそうきょく》のラジオ番組《ばんぐみ》のなかで、呼《よ》びかけることになりました。

「こんにちは。瓢箪町小学校《ひょうたんまちしょうがっこう》の五年生《ごねんせい》です。いつも名前《なまえ》を書《か》かないでマリリンに食《た》べものを買《か》うお金《かね》を送《おく》ってくれる人《ひと》、聴《き》いていますか?」

「いつも、ありがとうございます。もし、よかったら、マリリンに会《あ》いに、瓢箪町《ひょうたんまち》小学校《しょうがっこう》にきてください」

「おかげでマリリンは、大《おお》きくなりました。もし、このラジオを聴《き》いていたら、小学校《しょうがっこう》まで連絡《れんらく》をください。よろしくお願《ねが》いします」

数日後《すうじつご》、女《おんな》の人《ひと》が小学校《しょうがっこう》に名乗《なの》り出《で》てくれました。この人《ひと》は、なぜお金《かね》を送《おく》りつづけたのかも教《おし》えてくれました。それは、とてもかわいがっていた犬《いぬ》が死《し》んでしまったときに、「犬《いぬ》の命《いのち》を自分《じぶん》たちの力《ちから》で守《まも》ろうとしている児童《じどう》」の新聞記事《しんぶんきじ》を読《よ》んで、ぜひお金《かね》を送《おく》って協力《きょうりょく》したくなったからでした。

＊　＊

その年《とし》の十二月《じゅうにがつ》、「小松少年自然《こまつしょうねんしぜん》の家《いえ》」に一通《いっつう》の手紙《てがみ》が舞《ま》い込《こ》みました。

「小松少年自然《こまつしょうねんしぜん》の家《いえ》」のみなさんへ

「小松少年自然の家《こまつしょうねんしぜんのいえ》」のみなさん、こんにちは。

もらった二匹《にひき》の犬《いぬ》、学校《がっこう》にいるマリリンと嶋口先生《しまぐちせんせい》の家《いえ》にいるシロは、とても元気《げんき》です。

マリリンは、エサをいっぱい食《た》べて太《ふと》ってきました。また、そこがかわいいです。

みんながアルミ缶《かん》集《あつ》めなどをしている姿《すがた》が新聞《しんぶん》に載《の》ったりして、マリリンは瓢箪町《ひょうたんまち》の有名犬《ゆうめいけん》になりました。

マリリンの得意《とくい》な芸《げい》は〝おすわり〟と〝お手《て》〟です。やっとできるようになりました。

私《わたし》たちはマリリンの世話《せわ》を、これからも一生懸命《いっしょうけんめい》にしていきます。そして、たくさんの人《ひと》にかわいがってもらいたいと思《おも》っています。

また「小松少年自然の家《こまつしょうねんしぜんのいえ》」に行《い》くことがあったらマリリンを連《つ》れていって、

母犬《ははいぬ》に会《あ》わせようと思《おも》っています。
寒《さむ》くなりますが、みなさんお体《からだ》に気《き》をつけてください。
マリリンのお母《かあ》さんにもよろしく!

瓢箪町小学校四・五年一同より《ひょうたんまちしょうがっこうし・ごねんいちどう》

「小松少年自然の家《こまつしょうねんしぜんのいえ》」で、この手紙《てがみ》を読《よ》み終《お》えた岩井《いわい》さんは、母犬《ははいぬ》のポン子《こ》に語《かた》りかけました。

「ポン子《こ》。おまえが産《う》んだマリリンもシロも元気《げんき》のようだ。ハッピーも元気《げんき》だし、他《ほか》の兄弟《きょうだい》たちも里親《さとおや》で幸《しあわ》せに暮《く》らしているよ。山《やま》で育《そだ》った犬《いぬ》は強《つよ》いんだよな」

巣立《すだ》っていった子犬《こいぬ》たちの元気《げんき》な様子《ようす》を知《し》った岩井《いわい》さんは、小雪《こゆき》が舞《ま》い落《お》ちる大杉町《おおすぎまち》の山里《やまざと》で、スキー教室《きょうしつ》の準備《じゅんび》に取《と》りかかりはじめました。

放課後《ほうかご》の友情《ゆうじょう》

マリリンが学校《がっこう》にやってきて、早苗《さなえ》ちゃんたち女《おんな》の子《こ》が、「マリリン、マリリン」と、うれしそうにしているのを、冷《ひ》ややかな目《め》で見《み》ていたひとりの男《おとこ》の子《こ》がいました。犬《いぬ》が苦手《にがて》な達也君《たつやくん》です。

早苗《さなえ》ちゃんたちは、よくマリリンを散歩《さんぽ》させていました。そして、休《やす》み時間《じかん》はもちろん、放課後《ほうかご》もランドセルを背負《せお》ったままマリリンと遊《あそ》んでから、家《いえ》に帰《かえ》っていきました。

そんななか、嶋口先生《しまぐちせんせい》と五年生《ごねんせい》の男子児童《だんしじどう》は、犬小屋《いぬごや》を作《つく》りはじめました。

達也君《たつやくん》は、マリリンから離《はな》れた場所《ばしょ》で、屋根《やね》や床《ゆか》の大《おお》きさに板《いた》を切《き》っていきまし

【早苗《さなえ》ちゃん（左《ひだり》）とマリリン】
早苗《さなえ》ちゃんはみんなの中心《ちゅうしん》になってマリリンの世話《せわ》をしていたんだ。

た。これらの木材《もくざい》は、みんなどこかから集《あつ》めてきたものです。

こうして完成《かんせい》した犬小屋《いぬごや》は、体育館《たいいくかん》の前《まえ》に置《お》かれることになりました。

「マリリン。おまえの家《いえ》が完成《かんせい》したよ」

達也君《たつやくん》のクラスメートが、ダンボール箱《ばこ》からマリリンを抱《だ》きかかえました。

マリリンは小屋《こや》に入《はい》ってくれるのだろうか……。みんなが見守《みまも》るなか、犬小屋《いぬごや》に興味《きょうみ》を示《しめ》したマリリンは、「クン、クン」と匂《にお》いをかぐと、なかに入《はい》っていき、気持《きも》ちよさそうに体《からだ》を寝転《ねころ》がせました。

嶋口先生《しまぐちせんせい》と五年生《ごねんせい》の男《おとこ》の子《こ》たちは大喜《おおよろこ》びです。達也君《たつやくん》も、自分《じぶん》たちが苦労《くろう》しながらこしらえた小屋《こや》のなかのマリリンの姿《すがた》を見《み》ていると、うれしさがこみ上《あ》げてきました。

それでも、達也君《たつやくん》は、こわくてマリリンをさわることができませんでした。

そんなある日曜日《にちようび》の午前中《ごぜんちゅう》でした。

この日《ひ》の三日前《みっかまえ》から、マリリンは体調《たいちょう》を崩《くず》してしまったのか、食欲《しょくよく》もなく、だるそうにしていました。

学校《がっこう》から歩《ある》いて三分《さんぷん》もかからない距離《きょり》に住《す》んでいる達也君《たつやくん》は、マリリンの具合《ぐあい》が気《き》になって、様子《ようす》を見《み》にやってきました。そして、マリリンから少《すこ》し離《はな》れた位置《いち》からながめていると、食《た》べものがそのまま残《のこ》っていることに気《き》づきました。しかも、マリリンの黄色《きいろ》い胃液《いえき》があちらこちらに吐《は》き出《だ》されていて、なかには血《ち》が混《ま》じっているものもあります。

犬小屋《いぬごや》のなかのマリリンはぐったりして動《うご》きません。

——マリリン、大丈夫《だいじょうぶ》か！

達也君《たつやくん》は、急《いそ》いで家《いえ》に戻《もど》り、嶋口先生《しまぐちせんせい》に電話《でんわ》をかけました。

「先生《せんせい》。マリリンが……」

「……!?」

「……マリリンが、死《し》んじゃうよ！」

達也君《たつやくん》は、どうしていいかわかりません。

「達也《たつや》。先生《せんせい》、すぐに行《い》くから、マリリンのそばにいてやってくれ」

「うん、先生《せんせい》すぐ来《き》て」

達也君《たつやくん》は、小学校《しょうがっこう》に戻《もど》ると、犬小屋《いぬごや》のなかのマリリンをのぞいてみました。

「マリリン、マリリン……」

しばらく達也君《たつやくん》がマリリンに声《こえ》をかけつづけていると、嶋口先生《しまぐちせんせい》の自動車《じどうしゃ》が、学校《がっこう》の駐車場《ちゅうしゃじょう》に滑《すべ》り込《こ》んできました。

「達也《たつや》。どうだ、マリリンの様子《ようす》は……」

「さっきから、とても苦《くる》しそうなんだ」

「マリリンを病院《びょういん》に連《つ》れていくぞ。日曜日《にちようび》でも診《み》てくれる獣医《じゅうい》さんがいるんだ」

これまで一度《いちど》だけ貸《か》し切《き》りバスに乗《の》ったことはあったマリリンでしたが、自家用《じかよう》車《しゃ》に乗《の》るのは初体験《はったいけん》でした。マリリンは、どこにこんな元気《げんき》があるのかというくらいの力《ちから》で、四本《よんほん》の足《あし》を踏《ふ》ん張《ば》って、自動車《じどうしゃ》に乗《の》せられるのをいやがりました。

ふたりは、そんなマリリンをやっとのことで自動車《じどうしゃ》に乗《の》せました。すると、さっきまでの暴《あば》れっぷりがうそのように静《しず》かになり、やがてぐったりしてきてしまいました。

嶋口先生《しまぐちせんせい》はハンドルを握《にぎ》っています。達也君《たつやくん》が、しっかりとマリリンを抱《だ》きしめなければいけません。

――マリリン、もう少《すこ》しの辛抱《しんぼう》だからな……。

嶋口先生《しまぐちせんせい》の隣《となり》に座《すわ》った達也君《たつやくん》の腕《うで》には、いくらか落《お》ち着《つ》いた表情《ひょうじょう》のマリリンがいました。達也君《たつやくん》が、マリリンの体《からだ》をなでてあげていたのです。

嶋口先生《しまぐちせんせい》の自動車《じどうしゃ》が動物病院《どうぶつびょういん》に到着《とうちゃく》しました。

達也君《たつやくん》は、獣医《じゅうい》さんにお願《ねが》いしました。

「マリリンを助《たす》けてください」

これまでマリリンは、自分《じぶん》に向《む》かって吠《ほ》えてきたわけでも、牙《きば》をむいてきたわけでもありません。いつも静《しず》かに見《み》つめていてくれただけでした。達也君《たつやくん》は、もっとマリリンをたいせつにしてあげればよかった、と思《おも》っていたのです。

診察《しんさつ》が終《お》わり、獣医《じゅうい》さんが病状《びょうじょう》を説明《せつめい》してくれました。

「胃《い》に傷《きず》がついています。誰《だれ》かが鳥《とり》の骨《ほね》をあげたのでしょう。手術《しゅじゅつ》する必要《ひつよう》はありませんし、命《いのち》に別状《べつじょう》はありませんよ」

と獣医《じゅうい》さんは、薬《くすり》をくれました。

嶋口先生《しまぐちせんせい》と達也君《たつやくん》は、ホッと胸《むね》をなでおろしました。

――マリリン、よかった。ほんとうに、よかった……。

帰《かえ》りの自動車《じどうしゃ》のなかでも、達也君《たつやくん》はマリリンを抱《だ》きしめていました。

その日《ひ》を境《さかい》にして、達也君《たつやくん》とマリリンに不思議《ふしぎ》な友情《ゆうじょう》が芽生《めば》えました。

達也君《たつやくん》は、他《ほか》の子《こ》どもたちのようにマリリンと散歩《さんぽ》するわけでも、食《た》べものを与《あた》えるわけでもありません。人気者《にんきもの》のマリリンですから、いつも同級生《どうきゅうせい》や地域《ちいき》の人《ひと》たちがそばにいてくれました。そんなとき、達也君《たつやくん》はマリリンのもとには近《ちか》づきません。けれども、放課後《ほうかご》、マリリンが一匹《いっぴき》だけでいると、体育館《たいいくかん》の前《まえ》にいって座《すわ》りました。

マリリンをなで回《まわ》すわけでもなく、話《はな》しかけるわけでもなく、いっしょに夕日《ゆうひ》をながめて過《す》ごしました。

こんなふうに、ボーッとしているだけで、達也君《たつやくん》は心《こころ》が落《お》ち着《つ》きました。また、マリリンも安心《あんしん》しきっているのか、幸《しあわ》せそうに目《め》を細《ほそ》めていました。

達也君《たつやくん》の犬嫌《いぬぎら》いは変《か》わりません。でも、達也君《たつやくん》にとってのマリリンは、「苦手《にがて》な犬《いぬ》」ではなく、「大好《だいす》きな親友《しんゆう》」になっていったのです。

「学校犬《がっこうけん》」から「地域犬《ちいきけん》」へ

瓢箪町小学校《ひょうたんまちしょうがっこう》は、地域《ちいき》と密接《みっせつ》な関係《かんけい》にありました。たとえば、地域《ちいき》の人《ひと》の家《いえ》から餅《もち》つきに使《つか》う臼《うす》を借《か》りると、子《こ》どもたちがつきあがったお餅《もち》に手紙《てがみ》をつけて臼《うす》を借《か》りたお礼《れい》をしていました。また、地域《ちいき》の人《ひと》たちは、子《こ》どもたちの成長《せいちょう》を見守《みまも》ってくれていました。

瓢箪町《ひょうたんまち》は、その昔《むかし》、瓢箪《ひょうたん》（お酒《さけ》を入《い》れて腰《こし》につるす容器《ようき》）を作《つく》る人《ひと》が多《おお》く住《す》んでいて、それを売《う》る店《みせ》もありました。ちなみに、瓢箪町《ひょうたんまち》の隣《となり》の笠市町《かさいちまち》は、笠《かさ》（雨《あめ》・雪《ゆき》などを防《ふせ》ぐためにかぶるもの）を作《つく》っていた人《ひと》がたくさんいました。

こうした昔《むかし》から住《す》む人《ひと》の入《い》れかわりがほとんどなく、地元《じもと》になじんだ職人《しょくにん》・商人《しょうにん》

【瓢簞町小学校《ひょうたんまちしょうがっこう》】

地域《ちいき》の人《ひと》たちが、小学生《しょうがくせい》たちを温《あたた》かく見守《みまも》ってくれていたんだ。

気質《かたぎ》の人《ひと》たちが暮《く》らしている地域《ちいき》に、マリリンはやってきたのです。古《ふる》くからの親《した》しい知《し》り合《あ》いをいたわるように、下町《したまち》の雰囲気《ふんいき》が漂《ただよ》う街《まち》の人《ひと》たちは、マリリンをたいせつにしてくれました。ですから、犬《いぬ》を学校《がっこう》で飼《か》うことに反対《はんたい》する親《おや》はいなかったのです。

そんな街中《まちなか》へ世話当番《せわとうばん》の子《こ》どもたちがマリリンと出《で》かけると、まず正門前《せいもんまえ》の北《きた》孝子《たかこ》さんの家《いえ》に立《た》ちより、チーズをもらいます。次《つぎ》に、聞善寺《もんぜんじ》というお寺《てら》の前《まえ》を通《とお》って、食品店《しょくひんてん》の盛永淑子《もりながよしこ》さんに出会《であ》います。

盛永《もりなが》さんは、毎日《まいにち》のように店《みせ》の前《まえ》を通《とお》るマリリンと仲良《なかよ》くなりました。しかし、お店《みせ》で食《た》べものを与《あた》えてしまうと癖《くせ》になってしまうので、あげることができません。そのかわり、自分《じぶん》が学校《がっこう》の前《まえ》を通《とお》るときは、「マリリン。いつもはあげられなくてごめんね。これを食《た》べなよ」と、マリリンの好物《こうぶつ》を持《も》っていきました。また、マリリンが店《みせ》の前《まえ》にやってくると、お客《きゃく》さんたちが、「マリリン、来《き》たのかい。さぁ、

【三田村千代《みたむらちよ》さんとマリリン】
三田村《みたむら》さんは、マリリンをかわいがってくれた地域《ちいき》の人《ひと》の一人《ひとり》。

お食《た》べよ」と、ハムやウインナーを買《か》って与《あた》えました。

それでも、食《く》いしん坊《ぼう》のマリリンは、盛永《もりなが》さんが飼《か》っている猫《ねこ》の鰹節《かつおぶし》ごはんを食《た》べてしまいます。猫《ねこ》は知《し》らん顔《かお》して、許《ゆる》してくれているようでした。

その盛永食品店《もりながしょくひんてん》を左《ひだり》に曲《ま》がった散歩道《さんぽみち》には、マリリンを孫《まご》のようにかわいがっている人《ひと》たちがいます。ガラス店《てん》の西村外美《にしむらそとみ》さんと、近隣《きんりん》の橋場美代子《はしばみよこ》さん・松田《まつだ》英子《えいこ》さんです。みんな、散歩途中《さんぽとちゅう》のマリリンに食《た》べものをくれます。また、同《おな》じ道路沿《どうろぞ》いに住《す》む三田村千代《みたむらちよ》さんや、その隣《となり》の中川静江《なかがわしずえ》さんもマリリンが通《とお》りかかると、こんな具合《ぐあい》に声《こえ》をかけてくれます。

「マリリン。私《わたし》たちも家《いえ》で犬《いぬ》や猫《ねこ》を飼《か》えるのならいいけれど、みんなが飼《か》えるわけではないもんね。そのてん、あんたに会《あ》える私《わたし》たちは幸《しあわ》せだよ」

「マリリン。この前《まえ》、病院《びょういん》からの帰《かえ》り、学校《がっこう》に会《あ》いに行《い》ったときは、わざわざ小屋《こや》から出《で》てきてくれて、ありがとうな」

昔《むかし》のように瓢箪《ひょうたん》も笠《かさ》も作《つく》られているわけではありません。それでも、地域《ちいき》の人《ひと》たちの人情《にんじょう》は昔《むかし》のままです。

地域《ちいき》に見守《みまも》られた瓢箪町小学校《ひょうたんまちしょうがっこう》でしたので、学校《がっこう》で飼《か》われているマリリンは「瓢箪町《ひょうたんまち》の犬《いぬ》」でもあったのです。

お母《かあ》さんになったマリリン

平成元年六月《へいせいがんねんろくがつ》――。

マリリンが、瓢箪町小学校《ひょうたんまちしょうがっこう》にやってきて、九ヵ月《きゅうかげつ》が過《す》ぎました。

一年生《いちねんせい》の教室《きょうしつ》では、市川先生《いちかわせんせい》が子《こ》どもたちに話《はな》しています。

「これから、マリリンがあかちゃんを産《う》むので、体育館《たいいくかん》の前《まえ》に行《い》きます」

――マリリンが、もうお母《かあ》さんになっちゃうんだ……。

学校《がっこう》のすぐ近《ちか》くにある聞善寺《もんぜんじ》のひとり娘《むすめ》・今井浄《いまいきよら》ちゃんは、驚《おどろ》いていました。

市川先生《いちかわせんせい》はつづけます。

「今《いま》から、マリリンはたいへんな仕事《しごと》をするの。だから、みんな、これだけは約束《やくそく》してね。ぜったいにしゃべったり、音《おと》を立《た》てないようにしようね。動物《どうぶつ》も子《こ》どもを産《う》むために必死《ひっし》なんだから、遠《とお》くから静《しず》かにマリリンを応援《おうえん》してあげようね」

市川先生《いちかわせんせい》は、兄弟《きょうだい》が少《すく》なくなって、生命《せいめい》の誕生《たんじょう》を目《ま》の当《あ》たりにする機会《きかい》が減《へ》ってきた子《こ》どもたちに、「命《いのち》が誕生《たんじょう》するって、こんなにすごいことなんだ」ということを知《し》ってほしかったのです。

こうして校庭《こうてい》に出《で》た一年生《いちねんせい》は、十《じゅう》メートルくらい離《はな》れた位置《いち》で、半円形《はんえんけい》にマリリンを囲《かこ》みました。

しばらくすると、体《からだ》を丸《まる》めて静《しず》かに目《め》を閉《と》じていたマリリンが、小刻《こきざ》みに震《ふる》え出《だ》しました。お産《さん》が始《はじ》まったのです。少《すこ》しずつ、マリリンの体《からだ》からグレーの塊《かたまり》が出《で》てきました。

命《いのち》が誕生《たんじょう》した、神聖《しんせい》な瞬間《しゅんかん》です。

（産《う》まれた〜〜）

（やった〜〜）

子《こ》どもたちは顔《かお》を見合《みあ》わせて、静《しず》かに手《て》をたたきました。そして、引《ひ》きつづき市川先生《いちかわせんせい》に言《い》われた通《とお》り、おとなしくマリリンのお産《さん》に見入《みい》っていました。

マリリンの体《からだ》から、二《ふた》つ目《め》、三《みっ》つ目《め》の塊《かたまり》が現《あらわ》れました。それをマリリンがゆっくりとやさしくなめはじめると、グレーのまくがはがれて、目《め》や口《くち》、鼻《はな》がわかるようになりました。

子《こ》どもたちの妹分《いもうとぶん》みたいだったマリリンが、たくましい母犬《ははいぬ》になって、四本《よんほん》の足《あし》で子犬《こいぬ》たちを包《つつ》み込《こ》んでいます。

――うわぁ〜。ちっちゃくて、かわいい子犬《こいぬ》だなぁ……。

生命《せいめい》の誕生《たんじょう》を初《はじ》めて見《み》た浄《きよら》ちゃんは、そう思《おも》っていました。

また、「小松少年自然《こまつしょうねんしぜん》の家《いえ》」でよちよち歩《ある》いていたマリリンが、小《ちい》さな命《いのち》にお乳《ちち》をあげている様子《ようす》を見《み》にきた山形校長先生《やまがたこうちょうせんせい》は、改《あらた》めて生《い》きものの素晴《すば》らしさを感《かん》

マリリンもついにお母《かあ》さんになりました。

じていました。

「マリリンが三匹《さんびき》の子犬《こいぬ》を産《う》んだ」というニュースは、その日《ひ》のうちに町中《まちじゅう》をかけめぐりました。すると、児童《じどう》の保護者《ほごしゃ》たちで組織《そしき》されるPTAや、地域《ちいき》の人《ひと》たちが祝《いわ》い金《きん》を学校《がっこう》に届《とど》けてくれました。

「学校《がっこう》で子犬《こいぬ》が産《う》まれることなんて、めったにないことだ」

と校長先生《こうちょうせんせい》は、学校《がっこう》のそばの饅頭屋《まんじゅうや》さんに、おめでたいときに配《くば》られる紅白《こうはく》饅頭《まんじゅう》を注文《ちゅうもん》しました。祝《いわ》い金《きん》に自分《じぶん》の財布《さいふ》から取《と》り出《だ》したお金《かね》を足《た》して、全校児童《ぜんこうじどう》に「マリリン二世《にせい》が誕生《たんじょう》したお祝《いわ》い」として配《くば》ることにしたのです。

こうして、瓢箪町小学校《ひょうたんまちしょうがっこう》が、そして地域《ちいき》が、お祝《いわ》いムードに包《つつ》まれた一日《いちにち》となりました。

子犬《こいぬ》が産《う》まれて数日後《すうじつご》、学校《がっこう》は里親《さとおや》を探《さが》すことにしました。それを知《し》った浄《きよ》ちゃんは、いてもたってもいられなくなって、校長室《こうちょうしつ》をノックしました。

「あの〜〜。校長先生《こうちょうせんせい》」

「どうしました。今井《いまい》さん」

「あの〜〜。マリリンのあかちゃんをほしいんです」

「えっ⁉　それはいいけれど、おうちの人《ひと》は飼《か》ってもいいと言《い》っているの？」

「あっ、はい」

けれども、家族《かぞく》には、子犬《こいぬ》を飼《か》う許《ゆる》しをもらっていませんでした。それだけ浄《きよら》ちゃんは、マリリンのあかちゃんがほしくてしかたがなかったのです。

「今《いま》は、生《う》まれたばかりだから、乳離《ちちばな》れが終《お》わるときにね」

「はっ、はいっ。ありがとうございます。校長先生《こうちょうせんせい》」

うれしくてたまらなくなった浄《きよら》ちゃんは、マリリンと三匹《さんびき》の子犬《こいぬ》の前《まえ》に行《い》き、いちばんお気《き》に入《い》りの茶色《ちゃいろ》のぶち模様《もよう》が混《ま》じったメス犬《いぬ》をながめていました。

一学期《いちがっき》も終《お》わる終了式《しゅうりょうしき》の日《ひ》——。

浄《きよら》ちゃんは、生《う》まれて初《はじ》めてもらう通知表《つうちひょう》よりも大事《だいじ》なものを受《う》け取《と》る日《ひ》を迎《むか》えました。いよいよ子犬《こいぬ》の里親《さとおや》になる日《ひ》がきたのです。

浄《きよら》ちゃんは、「キキララ」という大好《だいす》きなキャラクターから二文字《にもじ》を取《と》って、子《こ》犬《いぬ》の名前《なまえ》を「ララ」と名《な》づけました。

そして、もらって帰《かえ》った日《ひ》の夜《よる》、ララは「クゥ〜〜ン、クゥ〜〜ン」とさみしがって眠《ねむ》りません。

浄《きよら》ちゃんのお母《かあ》さん・由三代《ゆみよ》さんが、マリリンの元《もと》に連《つ》れていくと、ララは鳴《な》き止みました。そこで、そのままララをマリリンのもとで寝《ね》かせて、翌朝早《よくあさはや》く、迎《むか》えにいきました。

そんなことを三《さん》、四日《よっか》くり返《かえ》していき、浄《きよら》ちゃん家族《かぞく》は一泊《いっぱく》の予定《よてい》でキャンプ場《じょう》に出《で》かけました。もちろん、ララもいっしょです。

【マリリンの娘《むすめ》ララと浄《きよら》ちゃん】
マリリンの赤《あか》ちゃんを飼《か》えることになってよかったね。

その夜《よる》、いやでもマリリンに会《あ》うことができなかったララでしたが、鳴《な》くことはありませんでした。この日《ひ》を境《さかい》に、一匹《いっぴき》でも眠《ねむ》りにつけるようになったのです。

ララは、マリリンに似《に》て人《ひと》なつこい、かわいい犬《いぬ》になりました。だから、たくさんの人《ひと》たちが、聞善寺《もんぜんじ》に会《あ》いにやってきました。

いつもララはお寺《てら》の鐘《かね》つき堂《どう》の下《した》にいたので、聞善寺《もんぜんじ》にお墓《はか》がある檀家《だんか》さんからは、「鐘《かね》つき堂《どう》のララ」と呼《よ》ばれるようになりました。

ララが誕生《たんじょう》したときの写真《しゃしん》、つまりマリリンが三匹《さんびき》の子犬《こいぬ》を産《う》んだときの写真《しゃしん》は、その年《とし》の瓢箪町小学校《ひょうたんまちしょうがっこう》の卒業《そつぎょう》アルバムの最初《さいしょ》のページを飾《かざ》りました。

そのアルバムのなかで、校長先生《こうちょうせんせい》は卒業生《そつぎょうせい》に向《む》けて、このような「はなむけの言葉《ことば》」を贈《おく》りました。

平成元年六月二十五日《へいせいがんねんろくがつにじゅうごにち》（木《もく》）午前八時二十五分《ごぜんはちじにじゅうごふん》、皆《みな》さんが大事《だいじ》にかわいがり、いつも世話《せわ》をしている愛犬《あいけん》「マリリン」が、初《はじ》めてのお産《さん》をしました。

皆《みな》さんも、犬《いぬ》のお産《さん》を目《ま》の当《あ》たりにしたのは、初《はじ》めての経験《けいけん》だったのではないでしょうか。

皆《みな》さんは、子犬《こいぬ》が産《う》まれるたびに驚《おどろ》きと歓声《かんせい》をあげ、生命誕生《せいめいたんじょう》の神秘《しんぴ》さと素晴《すば》らしさに、感動《かんどう》したのではないかと思《おも》います。

いつもダラッと居眠《いねむ》りしたり、皆《みな》さんにしっぽを振《ふ》ってじゃれていたマリリンも、この日《ひ》ばかりは次《つぎ》から次《つぎ》に生《う》まれてくる子犬《こいぬ》を、一匹《いっぴき》ずつていねいになめ回《まわ》して、母親《ははおや》の細《こま》かな愛情《あいじょう》と、キリッとした母親《ははおや》のたくましさを感《かん》じさせてくれましたね。

皆《みな》さんはマリリンを通《とお》して、いろいろなことを学《まな》びました。毎日《まいにち》の散歩《さんぽ》やマリリンの食事代《しょくじだい》・予防接種代《よぼうせっしゅだい》を作《つく》るために空《あ》き缶《かん》集《あつ》めをしたり、犬小屋《いぬごや》やウンチの掃除《そうじ》などをして、愛情《あいじょう》を込《こ》めて世話《せわ》をしました。

また、見《み》も知《し》らない方々《かたがた》からのお便《たよ》りやお金《かね》が送《おく》られて、世間《せけん》の多《おお》くの人《ひと》たちの温《あたた》かい心《こころ》を知《し》ることができました。


……………


皆《みな》さんが見《み》せてくれた、たくさんの温《あたた》かい心《こころ》や行為《こうい》は、きっと下級生《かきゅうせい》たちが、しっかりと受《う》けついでくれるでしょう。

六年生《ろくねんせい》の皆《みな》さん、素晴《すば》らしい心《こころ》を、温《あたた》かい心《こころ》を、本当《ほんとう》にありがとう……。

こうして、山本達也君《やまもとたつやくん》や清水早苗《しみずさなえ》ちゃんたちは、想《おも》い出《で》をいっぱい抱《だ》きしめて、瓢箪町小学校《ひょうたんまちしょうがっこう》を卒業《そつぎょう》していきました。

卒業記念

1990年3月

金沢市立瓢簞町小学校

帰《かえ》ってきたマリリン

マリリンが瓢箪町《ひょうたんまち》にやってきて数年《すうねん》が過《す》ぎました。新入生《しんにゅうせい》を迎《むか》え入《い》れたりしているうちに、「学校《がっこう》にやってきた犬《いぬ》」ではなく、「いつも学校《がっこう》にいる犬《いぬ》」になっていました。

この間《あいだ》に、三年生《さんねんせい》がマリリンの世話《せわ》をすることになっていました。そのマリリン当番《とうばん》は、校門前《こうもんまえ》の北孝子《きたたかこ》さんの家《いえ》に寄《よ》り、チーズをもらってから、散歩《さんぽ》に出《で》ることをずっとつづけていました。だから、北《きた》さんは、マリリンのために、いつもチーズを用意《ようい》して待《ま》っていました。

「おばさん、おはよう。今日《きょう》もマリリン、連《つ》れてきたよ」

とマリリン当番《とうばん》の子《こ》どもたちは、北《きた》さんの家《いえ》の玄関前《げんかんまえ》にやってきます。

「はいはい。待《ま》ってたよ」

そう言《い》って北《きた》さんは、冷蔵庫《れいぞうこ》のなかからチーズを取《と》り出《だ》していました。

北《きた》さんは、毎日《まいにち》、家《いえ》にやってきて、おいしそうにチーズを口《くち》にしたり、校門《こうもん》をのぞけばしっぽを振《ふ》って迎《むか》えてくれるマリリンを、とてもいとしく思《おも》っていました。

そんななか、金沢駅《かなざわえき》の東口《ひがしぐち》に位置《いち》している此花町《このはなまち》では、いたるところで再開発《さいかいはつ》工事《こうじ》が始《はじ》まりました。すると、背《せ》の高《たか》い建物《たてもの》が立《た》ち並《なら》び、昔《むかし》からの家《いえ》が少《すく》なくなってきました。それにつれて、此花町小学校《このはなまちしょうがっこう》の児童《じどう》の数《かず》も減《へ》ってしまいました。

そこで平成七年四月《へいせいななねんしがつ》、瓢箪町小学校《ひょうたんまちしょうがっこう》と此花町小学校《このはなまちしょうがっこう》が統合《とうごう》して新《あたら》しい小学校《しょうがっこう》が誕生《たんじょう》することになりました。その学校《がっこう》の名前《なまえ》は、「知恵《ちえ》・道理《どうり》に明《あか》るい聡明《そうめい》な子《こ》が育《そだ》つように／学業《がくぎょう》が立派《りっぱ》に成就《じょうじゅ》するように」との願《ねが》いが込《こ》められて「明成小学校《めいせいしょうがっこう》」と決《き》まりました。街《まち》から「瓢箪町小学校《ひょうたんまちしょうがっこう》」が消《き》えて、「明成小学校《めいせいしょうがっこう》」が生《う》まれたのです。

新校舎《しんこうしゃ》が瓢簞町小学校《ひょうたんまちしょうがっこう》の敷地《しきち》に建《た》てられることになりました。

そのため、旧瓢簞町小学校《きゅうひょうたんまちしょうがっこう》の子《こ》どもたちは、しばらくの間《あいだ》、此花町《このはなまち》にある仮校舎《かりこうしゃ》へ通《かよ》うことになりました。


それから一年十ヵ月後《いちねんじゅっかげつご》の平成九年二月《へいせいくねんにがつ》――。

瓢簞町《ひょうたんまち》に建《た》てていた明成小学校《めいせいしょうがっこう》の新校舎《しんこうしゃ》が完成《かんせい》しました。すると、此花町《このはなまち》からマリリンも戻《もど》ってきました。

明成小学校《めいせいしょうがっこう》は瓢簞町小学校《ひょうたんまちしょうがっこう》より、敷地《しきち》が広《ひろ》くなり、校庭内《こうていない》に一本《いっぽん》の通《とお》り道《みち》ができました。この道《みち》は、もともと地域《ちいき》の人《ひと》たちが通《とお》っていた学校《がっこう》の敷地《しきち》の一部《いちぶ》でした。つまり、前《まえ》と変《か》わらず地域《ちいき》の人《ひと》が通《とお》り抜《ぬ》けられるように、と校庭内《こうていない》に一本《いっぽん》の道《みち》が残《のこ》されたのです。

【明成小学校《めいせいしょうがっこう》】

以前《いぜん》、瓢箪町小学校《ひょうたんまちしょうがっこう》があった敷地《しきち》に建《た》った新校舎《しんこうしゃ》だよ。

【校舎《こうしゃ》の一本道《いっぽんみち》】

地域《ちいき》の人《ひと》が行《い》き来《き》できる道路《どうろ》がそのまま残《のこ》されたんだ。

マリリンの犬小屋《いぬごや》も、その道《みち》に沿《そ》った校舎《こうしゃ》の玄関《げんかん》に置《お》きました。この場所《ばしょ》なら、学校関係者《がっこうかんけいしゃ》はもちろん、地域《ちいき》の人《ひと》たちもマリリンに声《こえ》がかけられます。だから、この一本道《いっぽんみち》は、まるで地域《ちいき》の人《ひと》たちがマリリンと会《あ》うために残《のこ》されたものでもあったのです。

そんな新校舎《しんこうしゃ》で迎《むか》えた最初《さいしょ》の日《ひ》の朝《あさ》、マリリン当番《とうばん》の三年生《さんねんせい》による散歩《さんぽ》が瓢箪町《ひょうたんまち》で再開《さいかい》されました。マリリンと子《こ》どもたちは、校門前《こうもんまえ》を通《とお》ることになります。

そのとき、北《きた》さんの家《いえ》では、家族《かぞく》が朝《あさ》ごはんを食《た》べ終《お》わり、だんなさんは会社《かいしゃ》に、ひとり娘《むすめ》の怜奈《れいな》さんは高校《こうこう》に行《い》き、北《きた》さんは食器《しょっき》を洗《あら》っていました。すると、流《なが》し台《だい》の横《よこ》にある窓《まど》の向《む》こうになつかしい光景《こうけい》を見《み》ました。マリリンが歩《ある》いていたのです。

北《きた》さんは、食器洗《しょっきあら》いもそのままに、表《おもて》に飛《と》び出《だ》しました。

「マリリ〜〜〜ン！」

北《きた》さんが叫《さけ》ぶと、街中《まちなか》に散歩《さんぽ》に行《い》きかけたマリリンは立《た》ち止《ど》まり、後《うし》ろを振《ふ》り向《む》きました。そして、散歩《さんぽ》ひもを握《にぎ》る子《こ》どもたちを引《ひ》っぱりながら、北《きた》さんの家《いえ》の玄関前《げんかんまえ》まで、トコトコと歩《ある》いてきました。

「覚《おぼ》えていてくれたんだ……」

北《きた》さんは、うれしくなって、一年十ヵ月前《いちねんじゅっかげつまえ》と同《おな》じように、チーズをあげました。

当時《とうじ》を知《し》らない明成小学校《めいせいしょうがっこう》の新《あたら》しい三年生《さんねんせい》は、「なんでマリリンは、この女《おんな》の人《ひと》の前《まえ》で立《た》ち止《ど》まるのだろう」と、不思議《ふしぎ》そうにしていました。そこで北《きた》さんは、きょとんとしている子《こ》どもたちに話《はな》しはじめました。

「この犬《いぬ》は、おばちゃんの子《こ》どもが小学校《しょうがっこう》の三年生《さんねんせい》のとき、瓢箪町小学校《ひょうたんまちしょうがっこう》にもらわれてきた犬《いぬ》なんや。それから毎日《まいにち》のようにおばちゃんが、チーズをあげていたんや」

「ふ〜〜ん。そうなんだ」

「それでマリリンが覚《おぼ》えていたんだね」

子《こ》どもたちは納得《なっとく》したようでした。

チーズを食《た》べ終《お》えたマリリンは、子《こ》どもたちを引《ひ》っぱって、なつかしい瓢箪町《ひょうたんまち》の散歩道《さんぽみち》を歩《ある》きはじめました。

その日《ひ》の夕方《ゆうがた》、北《きた》さんは、高校《こうこう》から帰《かえ》ってきた娘《むすめ》の怜奈《れいな》さんに、マリリンのことを話《はな》しました。

「マリリンに会《あ》ったよ」

「えっ!? ほんと?」

ひとりっ子《こ》のためか犬《いぬ》や猫《ねこ》が大好《だいす》きだった怜奈《れいな》さんも、マリリンに会《あ》えなくなって、ずっとさみしがっていました。だから、急《いそ》いで明成小学校《めいせいしょうがっこう》にいるマリリンに会《あ》いにいきました。

翌朝《よくあさ》もマリリンは、北《きた》さんの家《いえ》の前《まえ》に立《た》ち止《ど》まり、大好物《だいこうぶつ》のチーズをもらいました。

もちろん瓢箪町《ひょうたんまち》の人《ひと》たちも、帰《かえ》ってきたマリリンを前《まえ》にもましてたいせつにしました。

【北孝子《きたたかこ》さんとマリリン】

北《きた》さんは小学校《しょうがっこう》の正門前《せいもんまえ》に住《す》んでいて、よくマリリンの面倒《めんどう》を見《み》てくれていたんだ。

マリリンは、あちらこちらの家《いえ》でハムやソーセージをもらって食《た》べていました。

それに盛永食品店《もりながしょくひんてん》では、相変《あいか》わらず猫《ねこ》の鰹節《かつおぶし》ごはんも食《た》べていました。

そんな日々《ひび》がつづくと、マリリンは米俵《こめだわら》のように、ぶくぶくと太《ふと》ってきてしまいました。

するとマリリンの犬小屋《いぬごや》の屋根《やね》には、紙《かみ》が貼《は》られました。


体調《たいちょう》をこわして、おなかがくだったので、食《た》べものをあげないでください

地域《ちいき》の人《ひと》たちは、マリリンの健康《けんこう》を考《かんが》えて、食《た》べものを与《あた》えるのを控《ひか》えるようになりました。

おいしいものを食《た》べすぎて、ぶくぶく太《ふと》ってしまいました。

勉君《つとむくん》、学校《がっこう》に行《い》く

平成十一年四月《へいせいじゅういちねんしがつ》――。

石川県《いしかわけん》の教育委員会《きょういくいいんかい》で働《はたら》くようになっていた市川政枝先生《いちかわまさえせんせい》が、五年振《ごねんぶ》りに、教頭《きょうとう》先生《せんせい》として明成小学校《めいせいしょうがっこう》に戻《もど》ってきました。

この間《あいだ》も、市川先生《いちかわせんせい》は、ときどきマリリンに会《あ》いにきていました。いつも校門《こうもん》からマリリンに気《き》づかれないように近《ちか》づき、いきなり「マリ！」と呼《よ》んでマリリンをびっくりさせていました。マリリンは先生《せんせい》の声《こえ》に、勢《いきお》いよく立《た》てたしっぽをくるくると振《ふ》り回《まわ》して迎《むか》えてくれました。市川先生《いちかわせんせい》は、そんなマリリンをいっぱいなでてあげました。

市川先生《いちかわせんせい》は、学校《がっこう》の用事《ようじ》で銀行《ぎんこう》や郵便局《ゆうびんきょく》に行《い》くのにも、よくマリリンを連《つ》れていきました。

聞善寺《もんぜんじ》のララや盛永食品店《もりながしょくひんてん》の猫《ねこ》に出会《であ》いながら街中《まちなか》を進《すす》んで行《い》くと、地域《ちいき》の人《ひと》たちが変《か》わらない笑顔《えがお》で声《こえ》をかけてくれました。

――何年《なんねん》たっても、街《まち》の人《ひと》の温《あたた》かさはかわらないなぁ……。

市川先生《いちかわせんせい》は、そう感《かん》じました。

そんなある日《ひ》、市川先生《いちかわせんせい》が、いつものようにマリリンと歩《ある》いていると、ガソリンスタンドの前《まえ》でお母《かあ》さんといっしょにいる男《おとこ》の子《こ》とすれ違《ちが》いました。

――幼稚園《ようちえん》の年長《ねんちょう》さんくらいの年《とし》かっこうなのに、今日《きょう》はお休《やす》みしているのかなぁ……。

市川先生《いちかわせんせい》は、そう思《おも》いました。

それから何日《なんにち》も、市川先生《いちかわせんせい》は同《おな》じ時間帯《じかんたい》に男《おとこ》の子《こ》を見《み》かけました。

――幼稚園《ようちえん》に通《かよ》っていないのはおかしいなぁ……。

この日《ひ》、市川先生《いちかわせんせい》は、男《おとこ》の子《こ》にそっときいてみました。

「お名前《なまえ》は？」

男《おとこ》の子《こ》は、答《こた》えてくれました。

「高野勉《たかのつとむ》……」

「幼稚園《ようちえん》の年長《ねんちょう》さん？」

「……」

勉君《つとむくん》にかわって、お母《かあ》さんが答《こた》えてくれました。

「はい。今度《こんど》、小学校《しょうがっこう》に上《あ》がるのですけれど……」

どうやら勉君《つとむくん》は、外《そと》に出《で》るのが好《す》きではなさそうでした。しかし、近所《きんじょ》のガソリンスタンドにあった洗車機《せんしゃき》が大好《だいす》きで、自動車《じどうしゃ》が洗《あら》われていく様子《ようす》を、よくながめていました。

【市川政枝先生《いちかわまさえせんせい》】

マリリンが瓢箪町小学校《ひょうたんしょうがっこう》に来《き》てから、ずっと気《き》にかけてくれていた先生《せんせい》だよ。

市川先生《いちかわせんせい》は、勉君《つとむくん》がマリリンを見《み》ているのに気《き》がつきました。

「犬《いぬ》が好《す》きなの？」

「うん……」

「じゃあ、いっしょに散歩《さんぽ》しようか」

と市川先生《いちかわせんせい》が誘《さそ》って、勉君《つとむくん》はマリリンといっしょに歩《ある》きはじめました。

犬《いぬ》と散歩《さんぽ》したのが初《はじ》めてだった勉君《つとむくん》は、市川先生《いちかわせんせい》からマリリンの散歩《さんぽ》ひもを手渡《てわた》されると、想像以上《そうぞういじょう》に強《つよ》い犬《いぬ》の力《ちから》に驚《おどろ》いてしまいました。

その日以来《ひいらい》、マリリンを連《つ》れた市川先生《いちかわせんせい》と、幼稚園《ようちえん》に通《かよ》っていない勉君《つとむくん》は、よく話《はな》すようになりました。また、勉君《つとむくん》は、マリリンに会《あ》うため、お母《かあ》さんといっしょに、にぼしを持《も》って明成小学校《めいせいしょうがっこう》に来《く》るようにもなりました。

平成十二年四月《へいせいじゅうにねんしがっ》――。

新年度《しんねんど》を迎《むか》えて、明成小学校《めいせいしょうがっこう》では入学式《にゅうがくしき》が行《おこな》われました。

――勉君《つとむくん》は無事《ぶじ》に登校《とうこう》してくれるだろうか……。

そんな市川先生《いちかわせんせい》の心配《しんぱい》をよそに、勉君《つとむくん》はお母《かあ》さんとともに入学式《にゅうがくしき》にやってきました。そして翌日《よくじつ》も、元気《げんき》な姿《すがた》を見《み》せました。

市川先生《いちかわせんせい》はホッとしていました。けれども、三日目《みっかめ》の朝《あさ》、勉君《つとむくん》の姿《すがた》は明成《めいせい》小学校《しょうがっこう》にありませんでした。そして次《つぎ》の日《ひ》も、また次《つぎ》の日《ひ》も……。

ずっと学校《がっこう》をお休《やす》みしている一年生《いちねんせい》がいるということは、担任《たんにん》の先生《せんせい》から教頭《きょうとう》の市川先生《いちかわせんせい》の耳《みみ》にも入《はい》ってきました。

市川先生《いちかわせんせい》は、その子《こ》の名前《なまえ》を聞《き》かなくても、それが勉君《つとむくん》であることがわかりました。そこで、クラスの授業《じゅぎょう》がある担任《たんにん》の先生《せんせい》にかわって、市川先生《いちかわせんせい》は勉君《つとむくん》とよく会《あ》ったガソリンスタンドの前《まえ》に行《い》くことにしました。

「マリ、勉君《つとむくん》を迎《むか》えにいくよ」

市川先生《いちかわせんせい》は、勉君《つとむくん》が心《こころ》を開《ひら》いたマリリンを連《つ》れていけば、きっと学校《がっこう》に来《き》てくれると感《かん》じたのです。それに、マリリンを連《つ》れて歩《ある》いていれば、地域《ちいき》の人《ひと》たちは、銀行《ぎんこう》や郵便局《ゆうびんきょく》に行《い》く途中《とちゅう》だと思《おも》ってくれると考《かんが》えました。まさか、犬《いぬ》といっしょに、欠席《けっせき》している児童《じどう》を迎《むか》えに行《い》っているとは見《み》られないだろうと細心《さいしん》の注意《ちゅうい》を払《はら》ったのです。

この日《ひ》、勉君《つとむくん》は、やはりガソリンスタンドの前《まえ》で洗車機《せんしゃき》をながめていました。

「勉君《つとむくん》。おはよう」

「……!!」

「マリリンもいるのよ」

「……!!」

びっくりした勉君《つとむくん》は、走《はし》り出《だ》して家《いえ》のなかに入《はい》ってしまいました。

市川先生《いちかわせんせい》は、勉君《つとむくん》の家《いえ》の前《まえ》に行《い》き、いろいろな言葉《ことば》をかけてみました。

「勉君《つとむくん》。マリリンといっしょに学校《がっこう》に行《い》こうよ」

「勉君《つとむくん》。マリリンのお散歩《さんぽ》しようよ」

「勉君《つとむくん》。どうせなら学校《がっこう》まで散歩《さんぽ》しようよ」

次《つぎ》の日《ひ》も、その次《つぎ》の日《ひ》も、市川先生《いちかわせんせい》は勉君《つとむくん》になんとか登校《とうこう》してもらおうと、マリリンといっしょに家《いえ》の前《まえ》にやってきました。

そんなことが何日《なんにち》かつづくなかで、ようやく家《いえ》の外《そと》に勉君《つとむくん》を連《つ》れ出《だ》すことができました。しかし、通学路《つうがくろ》の途中《とちゅう》の学校《がっこう》が見《み》えてくる路地《ろじ》に出《で》ると、引《ひ》き返《かえ》してしまいました。

勉君《つとむくん》は、納得《なっとく》ができないと前《まえ》に進《すす》めないタイプの子《こ》どもでした。

〈なぜ学校《がっこう》に行《い》かなければならないの？〉——その答《こた》えが見《み》つかるまで、勉君《つとむくん》にとっての学校《がっこう》は、近《ちか》いけれど、とても遠《とお》い場所《ばしょ》にあるような気《き》がしていました。だから、簡単《かんたん》には行《い》けるところではありません。

市川先生《いちかわせんせい》は、五月《ごがつ》の子《こ》どもの日《ひ》が終《お》わった連休明《れんきゅうあ》けに、最後《さいご》の手段《しゅだん》に出《で》ました。勉君《つとむくん》の家《いえ》の前《まえ》にマリリンを置《お》いていってしまったのです。

「勉君《つとむくん》、いい？ マリリンが外《そと》で待《ま》っているから、ちゃんと学校《がっこう》に連《つ》れてきてね」

市川先生《いちかわせんせい》は、そう言《い》い残《のこ》して、学校《がっこう》に戻《もど》っていってしまいました。先生《せんせい》の姿《すがた》が見《み》えなくなって、玄関《げんかん》の扉《とびら》を開《あ》けると、マリリンが座《すわ》っていました。

「え〜っ‼ ぼくが学校《がっこう》までマリリンを連《つ》れて行《い》くの？ 困《こま》っちゃうよぉ」

マリリンと目《め》が合《あ》いました。勉君《つとむくん》は、マリリンがつながれている散歩《さんぽ》ひもを手《て》にしました。とても勇気《ゆうき》が必要《ひつよう》でした。学校《がっこう》へ行《い》く緊張感《きんちょうかん》と、ひとりでマリリンを連《つ》れて歩《ある》く緊迫感《きんぱくかん》で、心臓《しんぞう》が「ドキッ、ドキッ」と音《おと》をたてているのがわかります。

マリリンは勉君《つとむくん》を振《ふ》り返《かえ》ると、学校《がっこう》へと歩《ある》き出《だ》しました。学校《がっこう》がどんどん近《ちか》づいてきます。勉君《つとむくん》の心臓《しんぞう》は、ますます高鳴《たかな》ってきます。

小学校《しょうがっこう》の校庭《こうてい》で、勉君《つとむくん》のクラスが図工《ずこう》の授業《じゅぎょう》で写生《しゃせい》をしていました。

「あっ⁉　マリリンが戻《もど》ってきたぞ！」

「あっ⁉　勉君《つとむくん》もいっしょだ！」

みんなスケッチの手《て》を止《と》めて、〝二人《ふたり》〟の登校姿《とうこうすがた》をながめました。

「勉君《つとむくん》が学校《がっこう》に来《き》た！」

「勉君《つとむくん》がマリリンを連《つ》れて、学校《がっこう》にやってきた！」

「ちがうよ。マリリンが勉君《つとむくん》を連《つ》れて学校《がっこう》にやってきたんだよ」

「まぁ、どっちでもいいや。勉君《つとむくん》とマリリンが学校《がっこう》にやってきたぞ！」

職員室《しょくいんしつ》では、市川先生《いちかわせんせい》が窓《まど》の外《そと》を見《み》ていました。

――うん、うん。勉君《つとむくん》……。

市川先生《いちかわせんせい》は、クラスメートに囲《かこ》まれている勉君《つとむくん》の笑顔《えがお》を見《み》ながら、コクリコクリとうなずきました。

――マリのおかげや。マリがいなかったら、勉君《つとむくん》を迎《むか》えに行《い》けなかったし、なによりも入学式《にゅうがくしき》の前《まえ》に知《し》り合《あ》うこともなかったんや。もう勉君《つとむくん》は大丈夫《だいじょうぶ》や……。

校庭《こうてい》では多《おお》くのクラスメートが勉君《つとむくん》に向かってしゃべりかけています。

「勉君《つとむくん》が学校《がっこう》に来《こ》なくなって、さみしかったんだぞ」

「また、いっしょに遊《あそ》ぼうよ」

これまで勉君《つとむくん》が外《そと》に出《で》られなかったのは、サナギが蝶《ちょう》になるように、羽《は》ばたく力《ちから》を蓄《たくわ》えていたのかもしれません。

〈なぜ学校《がっこう》へ行《い》かなければならないのだろう?〉――友だちの笑顔《えがお》を見《み》ていると、そのこだわりがほぐれていくようでした。

――友だちに会《あ》うだけでもいい。学校《がっこう》に行《い》こう!

その後《ご》、勉君《つとむくん》は、たくさんの仲間《なかま》とともに楽《たの》しい小学校生活《しょうがっこうせいかつ》を送《おく》りました。もちろん、その仲間《なかま》には、一匹《いっぴき》の白《しろ》い犬《いぬ》も含《ふく》まれています。

「勉君《つとむくん》、学校《がっこう》は楽《たの》しいところだよね！」

さよなら、ララ

マリリンがやってきて、どれくらいの月日《つきひ》がたったでしょうか。

もう、何度《なんど》も卒業生《そつぎょうせい》を送《おく》り、新入生《しんにゅうせい》を迎《むか》えました。新任《しんにん》の先生《せんせい》や、退職《たいしょく》された先生《せんせい》もいます。卒業生《そつぎょうせい》のなかには、結婚《けっこん》して子《こ》どもがいる人《ひと》もいます。

毎年《まいとし》、明成小学校《めいせいしょうがっこう》の運動会《うんどうかい》には、マリリンも参加《さんか》します。

平成十三年《へいせいじゅうさんねん》には、校長《こうちょう》の浅岡吉宏先生《あさおかよしひろせんせい》が、マリリンといっしょに徒競走《ときょうそう》に出場《しゅつじょう》することになっていました。

「行《い》くぞ！　マリリン。出番《でばん》が回《まわ》ってきたぞ」

浅岡校長先生《あさおかこうちょうせんせい》が、犬小屋《いぬごや》にいたマリリンをその気《き》にさせて、ひもを持《も》ってスタート台《だい》に歩《ある》いていきました。

「位置《いち》に着いて、よ〜い。ドン！」

スターの合図《あいず》と同時《どうじ》に、校長先生《こうちょうせんせい》とマリリンは飛《と》び出《だ》しました。

「校長先生《こうちょうせんせい》、がんばれ！」

「マリリン、ファイト！」

もちろん、マリリンは規定《きてい》のコースに沿《そ》って走《はし》るわけではありません。自分《じぶん》の行《い》きたいところへと、校長先生《こうちょうせんせい》を引《ひ》っぱっていくだけです。そして、いつもの校庭内《こうていない》での散歩《さんぽ》のように、もういいかなと満足《まんぞく》すると、ゴールに向《む》かって、トボトボ歩《ある》いていきました。

「よくやったぞ、マリリン！」

マリリンは、たくさんの人《ひと》から、拍手《はくしゅ》かっさいを浴《あ》びていました。

でも、マリリンにとっては、これが元気《げんき》で走《はし》り回《まわ》れた最後《さいご》の運動会《うんどうかい》になりました。

マリリンはもう十四歳《じゅうよんさい》です。人間《にんげん》の年数《ねんすう》にすると八十歳近《はちじゅっさいちか》いことになります。

マリリンも体《からだ》の老化《ろうか》には勝《か》てません。

昔《むかし》のように、全身《ぜんしん》がバネのようになって走《はし》る姿《すがた》はもう見《み》られませんでした。子《こ》どもたちも先生《せんせい》も、そして街《まち》の人《ひと》も、マリリンの老《お》いをひしひしと感《かん》じていました。

それはマリリンの寿命《じゅみょう》があと少《すこ》ししかないことを意味《いみ》していました。

平成十五年《へいせいじゅうごねん》になりました。

マリリンの老化《ろうか》はさらに進《すす》みました。日中《にっちゅう》も、小屋《こや》のなかで力《ちから》なく横《よこ》になっているだけです。

明成小学校《めいせいしょうがっこう》の近所《きんじょ》に住《す》む細川和子《ほそかわかずこ》さんは、前《まえ》の年《とし》からマリリンの散歩《さんぽ》をするようになっていました。だから、学校《がっこう》の先生《せんせい》からマリリンの病状《びょうじょう》を教《おし》えてもらっていました。どうやら、マリリンは歳《とし》をとってきたため、心臓《しんぞう》が普通《ふつう》の犬《いぬ》より大《おお》きくなる病気《びょうき》になってしまいました。それに血圧《けつあつ》も高《たか》くなっているようでした。

そこで細川《ほそかわ》さんは、いつもマリリンのゆっくりとした歩調《ほちょう》に合《あ》わせて、また暑《あつ》い日差《ひざ》しが降《ふ》り注《そそ》ぐ日《ひ》は、夜《よる》に散歩《さんぽ》に連《つ》れていきました。

十六歳《じゅうろくさい》というおばあちゃん犬《いぬ》になったマリリンは、歩《ある》けても二十分《にじゅっぷん》から二十五分《にじゅうごふん》くらいです。だからでしょうか、小学校《しょうがっこう》のマリリン当番《とうばん》の散歩《さんぽ》は、朝《あさ》と放課後《ほうかご》の一日二回《いちにちにかい》、校庭《こうてい》のなかだけになっていました。そんなマリリンは細川《ほそかわ》さんに連《つ》れられて、のんびりと瓢箪町《ひょうたんまち》を歩《ある》いたり、浅野川《あさのがわ》を渡《わた》って川向《かわむ》こうの界隈《かいわい》をめぐることを楽《たの》しみにしているようでした。

その川《かわ》の向《む》こうを、細川《ほそかわ》さんがマリリンと散歩《さんぽ》していると、「明成小学校《めいせいしょうがっこう》のマリリンちゃんだね」と、知《し》らない人《ひと》が何人《なんにん》も声《こえ》をかけてきて、昔《むかし》のマリリンのことを話《はな》してくれました。

散歩中《さんぽちゅう》、細川《ほそかわ》さんが瓢箪町《ひょうたんまち》、笠市町《かさいちまち》、あるいは川向《かわむ》こうの人《ひと》たちと立《た》ち話をしていると、座《すわ》ってじっと待《ま》ってくれていました。

――マリちゃんは、とっても賢《かしこ》いから、長《なが》く生《い》きている間《あいだ》に、人間《にんげん》の気持《きも》ちがわかるようになったんだね。地域《ちいき》のおばあちゃんたちの言《い》うとおりだね……。

また、細川《ほそかわ》さんが、「マリちゃん、今日《きょう》おばちゃんは仕事《しごと》があってすぐに帰《かえ》らないといけないんだよ」と言《い》うと、マリリンは早《はや》めに帰路《きろ》につきました。

夏《なつ》が近《ちか》づいた六月《ろくがつ》――。

マリリンの体《からだ》は目《め》に見《み》えて弱《よわ》まってきました。そんななか、校門前《こうもんまえ》に住《す》む北孝子《きたたかこ》さんは、近所《きんじょ》の人《ひと》から悲《かな》しい知《し》らせを聞《き》きました。

「北《きた》さん。鐘《かね》つき堂《どう》のララが亡《な》くなったのよ」

「えっ⁉」

驚《おどろ》いた北《きた》さんは、聞善寺《もんぜんじ》に走《はし》っていきました。

そこには深《ふか》く目《め》を閉《と》じて動《うご》かないララの姿《すがた》がありました。

北《きた》さんは、悲《かな》しくてしかたがありませんでした。ララもマリリン同様《どうよう》に家《いえ》の近《ちか》くに住《す》んでいたたいせつな犬《いぬ》だったからです。

そんなララは、亡《な》くなる一年前《いちねんまえ》に、鎖《くさり》がはずれて聞善寺《もんぜんじ》からいなくなったことがありました。そのとき、聞善寺《もんぜんじ》の今井由三代《いまいゆみよ》さんや、ひとり娘《むすめ》の浄《きよら》さんは、金沢《かなざわ》市内《しない》のお寺《てら》や小学校《しょうがっこう》など、ララがいそうな場所《ばしょ》を探《さが》し回《まわ》りました。

それでも見《み》つからず、金沢《かなざわ》の町《まち》を流《なが》れる浅野川《あさのがわ》や犀川《さいかわ》などの川沿《かわぞ》いもくまなく歩《ある》いてみました。警察《けいさつ》にも届《とど》けて、ラジオにも出《で》て、いろいろな人《ひと》に呼《よ》びかけもしました。

そして、姿《すがた》を消《け》して二週間《にしゅうかん》がたった日《ひ》の朝《あさ》、野性味《やせいみ》を帯《お》びてたくましくなったララが、聞善寺《もんぜんじ》の鐘《かね》つき堂《どう》に戻《もど》ってきました。

ひょっとしたら、ララは体《からだ》が動《うご》き回《まわ》れるうちに、生《う》まれ育《そだ》った金沢《かなざわ》の町《まち》を見《み》ておきたかったのかもしれません。

ララもマリリンに似《に》て、めったに吠《ほ》えることはなかったので、番犬《ばんけん》にはなりませんでした。けれども、みんなに愛《あい》された、「もう一匹《いっぴき》の地域犬《ちいきけん》」でした。

【ララと今井浄《いまいきよら》さん】
すっかり大《おお》きくなったララと浄《きよら》さんだけど、ララが亡《な》くなるまでずっと仲良《なかよ》しだったんだ。

想《おも》い出《で》のチーズ

平成十五年十月《へいせいじゅうごねんじゅうがつ》──。

金沢《かなざわ》は、さわやかな季節《きせつ》を迎《むか》えていました。しかし、マリリンの体《からだ》は急激《きゅうげき》におとろえていました。

マリリンは、ドッグフードを口《くち》にしなくなり、水《みず》ばかり飲《の》んで、「ハーッ、ハーッ」と苦《くる》しそうに深《ふか》い呼吸《こきゅう》をくり返《かえ》しています。

学校《がっこう》に誰《だれ》もいなくなる夜《よる》には、校門前《こうもんまえ》に住《す》む北《きた》さんや近所《きんじょ》の細川《ほそかわ》さんがマリリンの介護《かいご》をするようになりました。

そんな十月《じゅうがつ》の終《お》わりの日曜日《にちようび》、なにも食《た》べなくなったマリリンを見《み》かねた北《きた》さんは、チーズを家《いえ》から持《も》ってきました。マリリンが元気《げんき》だった頃《ころ》、毎日《まいにち》のように家《いえ》の前《まえ》にきて食《た》べていたからです。

北《きた》さんは、マリリンが太《ふと》ってきたときから与《あた》えていなかったチーズを手《て》にのせて近《ちか》づいてみました。

マリリンはチーズの匂《にお》いをなつかしそうに「クン、クン」と嗅《か》ぐと、パクッと食《た》べました。

「マリリン。なつかしい味《あじ》だったろう?」

ワンッ……、ワンッ……

声《こえ》が出《で》なくなっていたマリリンが答《こた》えてくれました。

それを目《め》にした北《きた》さんは、細川《ほそかわ》さんに相談《そうだん》しました。

「細川《ほそかわ》さん。ほんとうは、食《た》べものをあげないほうがいいのかもしれないけれど、マリリンがなにも食《た》べられないのを見《み》ているのはつらい……」

「北《きた》さん。マリちゃんは、それほど先《さき》が長《なが》くないのだから、好《す》きなものをあげてもいいんじゃない」

この日《ひ》から、チーズのほかにウインナー、ハム、焼《や》き鳥《とり》やチクワなどを少《すこ》しずつ与《あた》えました。マリリンはそれらをぺろりと食《た》べました。

でも、起《お》き上《あ》がることができません。寝《ね》たきりの状態《じょうたい》でウンチやオシッコをするので、お尻《しり》がかぶれてしまいました。

そこで、日中《にっちゅう》は先生《せんせい》やPTAのお母《かあ》さんたちが交互《こうご》に、オシッコ吸収《きゅうしゅう》シートを取《と》りかえて、ドライヤーでお尻《しり》をかわかしました。夜《よる》には、北《きた》さんと細川《ほそかわ》さんが、お湯《ゆ》でぬらしたタオルでお尻《しり》のまわりをふいていました。そして日中《にっちゅう》も、動《うご》けなくなったマリリンを抱《かか》えて、太陽《たいよう》の光《ひかり》があたる場所《ばしょ》に運《はこ》んで、日《ひ》なたぼっこをさせて、介護《かいご》をつづけるようになりました。

小学校《しょうがっこう》の子《こ》どもたちは、丸《まる》めた体《からだ》に日差《ひざ》しを浴《あ》びて、気持《きも》ちよさそうに眠《ねむ》ってい

マリリンもおばあちゃんになって、すっかり弱《よわ》ってしまいました。

るマリリンを起《お》こさないように、音《おと》をたてずにそばを通《とお》っていきました。

それに、「マリリンの命《いのち》が、残《のこ》りわずか」という噂《うわさ》を聞《き》いて、卒業生《そつぎょうせい》や街《まち》の人《ひと》たち、川向《かわむ》こうの人《ひと》たちも、入《い》れかわり立《た》ちかわり会《あ》いにきてくれました。

また、マリリンといっしょに登校《とうこう》しはじめたとき一年生《いちねんせい》だった高野《たかの》勉《つとむ》君《くん》は、五年生《ごねんせい》になっていました。

勉君《つとむくん》は、その後《ご》もマリリンと仲良《なかよ》しでした。

勉君《つとむくん》は自分《じぶん》でも犬《いぬ》が飼《か》いたいと、知《し》り合《あ》いからシェパードに似《に》た雑種犬《ざっしゅけん》をもらって、「ライス」という名前《なまえ》をつけました。しかし、若々《わかわか》しいライスを連《つ》れて、体力《たいりょく》が衰《おとろ》えているマリリンの前《まえ》に行《い》くことは、できませんでした。マリリンとの友情《ゆうじょう》にひびが入《はい》ってしまう気《き》がしたのです。それが、日《ひ》に日《ひ》に弱《よわ》っていくマリリンにできた、勉君《つとむくん》のせめてもの思《おも》いやりでした。

十一月三日《じゅういちがつみっか》は祝日《しゅくじつ》で学校《がっこう》はお休《やす》みですが、校内《こうない》にあるマリリン専用《せんよう》の洗濯機《せんたくき》は、「ゴーッ、ゴーッ」と音《おと》をたてて、手《て》ぬぐいやバスタオルを洗《あら》っています。

北《きた》さんたちは、いよいよ動《うご》けなくなり、床《とこ》ずれをおこして真《ま》っ赤《か》になったマリリンのお尻《しり》に、小児用《しょうによう》のおむつかぶれの薬《くすり》を塗《ぬ》ってあげていました。

次《つぎ》の日《ひ》、マリリンは、一段《いちだん》とぐったりして、目《め》に見《み》えて表情《ひょうじょう》が悪《わる》くなっていました。

しかも、その夜《よる》は風《かぜ》が強《つよ》く、北《きた》さんの家《いえ》は「ビュー、ビュー」という風《かぜ》の音《おと》に包《つつ》まれました。

——すごい風《かぜ》だなぁ……。

そう思《おも》って、眠《ねむ》ろうとした北《きた》さんの耳《みみ》に「キューン、キューン」という弱々《よわよわ》しい音《おと》が聞《き》こえてきました。

それは、「ク～ン、ク～ン」というマリリンの声《こえ》を、「ビュー、ビュー」という風《かぜ》が運《はこ》んできた音《おと》でした。これまで聞《き》いたこともない弱々《よわよわ》しいマリリンの声《こえ》……。

——マリリンが泣《な》いている……。

布団《ふとん》にくるまっていた北《きた》さんは、マリリンの声《こえ》だとわかると、すぐに飛《と》び起《お》きました。そして、上着《うわぎ》を一枚《いちまい》はおると、マリリンのもとに急《いそ》ぎました。

「マリリン、どうしたの？　苦《くる》しいのかい……」

懐中電灯《かいちゅうでんとう》に照《て》らされたマリリンは、重《おも》そうなまぶたをかすかに開《ひら》いて、北《きた》さんを見《み》つめ返《かえ》しています。

「マリリン、つらいのかい……」

北《きた》さんはマリリンの体《からだ》をさすり、オシッコ吸収《きゅうしゅう》シートを取《と》りかえました。すると、マリリンは静《しず》かになりました。

「マリリン、おやすみね」

と北《きた》さんは家《いえ》に戻《もど》り、布団《ふとん》のなかにもぐり込《こ》みました。すると、マリリンの声《こえ》が聞《き》こえてきました。

キューン、キューン

北《きた》さんは、再《ふたた》びマリリンのもとに行《い》き、頭《あたま》をなでてシートを取《と》りかえてあげました。

家《いえ》に戻《もど》った北《きた》さんは、布団《ふとん》を寝室《しんしつ》から玄関近《げんかんちか》くの場所《ばしょ》に移動《いどう》させました。マリリンの声《こえ》が聞《き》こえたら、すぐにかけつけられる態勢《たいせい》を整《ととの》えたのです。

そんなことが、夜中《よなか》の十二時《じゅうにじ》から明《あ》け方《がた》の五時《ごじ》までくり返《かえ》されると、ようやくマリリンは眠《ねむ》りにつきました。

マリリンが夢見《ゆめみ》ているのは、「自然《しぜん》の家《いえ》」の裏山《うらやま》でポン子《こ》やシロと楽《たの》しくかけめぐっている姿《すがた》でしょうか、それとも街《まち》のなかを子《こ》どもたちと元気《げんき》よく散歩《さんぽ》している姿《すがた》でしょうか……。

マリリンは死《し》なんよ

明日《あした》の十一月六日《じゅういちがつむいか》は、明成小学校《めいせいしょうがっこう》の第九回目《だいきゅうかいめ》の公開研究発表会《こうかいけんきゅうはっぴょうかい》が行《おこな》われる日《ひ》です。年《ねん》に一度《いちど》、日本全国《にほんぜんこく》、とりわけ石川県内《いしかわけんない》の小学校《しょうがっこう》からはたくさんの教師《きょうし》が明成《めいせい》小学校《しょうがっこう》に集《あつ》まって、授業風景《じゅぎょうふうけい》を見《み》たり、研究発表会《けんきゅうはっぴょうかい》をするのです。だから、今《いま》まで瓢箪町小学校《ひょうたんまちしょうがっこう》や明成小学校《めいせいしょうがっこう》にいた先生《せんせい》たちもやってきます。マリリンは十六年《じゅうろくねん》も小学校《しょうがっこう》にいたので、毎年《まいとし》、この日《ひ》に顔見知《かおみし》りの先生《せんせい》と再会《さいかい》していました。

明成小学校《めいせいしょうがっこう》の教頭《きょうとう》だった市川先生《いちかわせんせい》は、同《おな》じ金沢市内《かなざわしない》の森本小学校《もりもとしょうがっこう》の校長先生《こうちょうせんせい》になっていました。先生《せんせい》は自分《じぶん》の学校《がっこう》で行事《ぎょうじ》があって、明日《あした》の明成小学校《めいせいしょうがっこう》の公開《こうかい》授業《じゅぎょう》を参観《さんかん》できません。

その市川先生《いちかわせんせい》の家《いえ》に、夜《よる》になって北《きた》さんから電話《でんわ》がかかってきました。

「市川先生《いちかわせんせい》。マリリンの様子《ようす》がとても悪《わる》いんです。もしかしたら、明日《あした》の朝《あさ》までもたないかも……」

市川先生《いちかわせんせい》は、あわてている北《きた》さんに、しっかりとした口調《くちょう》で言《い》いました。

「北《きた》さん、大丈夫《だいじょうぶ》や。マリは、そんな犬《いぬ》じゃない。みんなにどれだけかわいがられたのかを知《し》っている。人間《にんげん》の気持《きも》ちがわかる犬《いぬ》なんや。研究発表会《けんきゅうはっぴょうかい》の前夜《ぜんや》や当日《とうじつ》に天国《てんごく》へ旅立《たびだ》って、みんなに迷惑《めいわく》をかけるようなことはせんよ。マリを信《しん》じるんや。今《いま》は心配《しんぱい》いらない。明日《あした》の朝《あさ》、マリを見《み》にいくからね。マリは、今夜《こんや》、死《し》なんよ」

電話《でんわ》を切《き》った市川先生《いちかわせんせい》の胸《むね》に、マリリンとのこんな想《おも》い出《で》がよみがえってきました。

＊　＊

マリリンが瓢箪町《ひょうたんまち》にやってきて何年目《なんねんめ》かたった、綿雪《わたゆき》の降《ふ》る元旦《がんたん》の日《ひ》でした。

新年《しんねん》を迎《むか》えて、教頭《きょうとう》である市川先生《いちかわせんせい》が明成小学校《めいせいしょうがっこう》に国旗《こっき》をあげに来《き》ました。学校《がっこう》に到着《とうちゃく》した市川先生《いちかわせんせい》は、まずマリリンに「あけましておめでとう」と言《い》おうと、犬小屋《いぬごや》のなかをのぞき込《こ》みました。しかし、昨日《きのう》の大晦日《おおみそか》に、様子《ようす》を見《み》にきたときにいたマリリンが、首輪《くびわ》ごといなくなっていました。

——こんなにめでたい日《ひ》に、いなくなってしまうなんて……。

雪降《ゆきふ》るなか、市川先生《いちかわせんせい》は、町中《まちじゅう》を探《さが》し回《まわ》りました。

「マリ！　マリ！」

市川先生《いちかわせんせい》は、いつもの散歩《さんぽ》コースを歩《ある》き回《まわ》りながら、すれ違《ちが》う街《まち》の人《ひと》たちに聞《き》いて歩《ある》きました。

「マリリンを見《み》かけませんでしたか？」

しかし、マリリンの姿《すがた》は見《み》つかりません。

川向《かわむ》こうにも探《さが》しにいってみました。

街《まち》を流《なが》れる浅野川《あさのがわ》の岸辺《きしべ》には雪《ゆき》がしんしんと降《ふ》り積《つ》もり、川《かわ》は静《しず》かに流《なが》れていくだけです。

学校《がっこう》に戻《もど》った市川先生《いちかわせんせい》は、再《ふた》び犬小屋《いぬごや》をのぞきました。けれども、さきほどと同《おな》じく、ひもだけが残《のこ》っていました。

――マリ。どこへ行《い》っちゃったの……。

市川先生《いちかわせんせい》は、いてもたってもいられなくなり、雪《ゆき》の勢《いきお》いが増《ま》した街《まち》へ、再《ふた》び飛《と》び出《だ》して行《い》きました。

「マリ！　マリ！」

すると、新築《しんちく》したばかりの一軒《いっけん》の家《いえ》から、おじいさんが出《で》てきました。

「先生《せんせい》。マリリンなら、今日《きょう》はうちにおるんよ」

「えっ、そうなんですか……」

市川先生《いちかわせんせい》は、おじいさんの家《いえ》のなかに向《む》かって、大声《おおごえ》で叫《さけ》びました。

「マリ！」

すると、マリリンが二階《にかい》から、元気《げんき》よく降《お》りてきました。

安心《あんしん》した市川先生《いちかわせんせい》は、これでようやくお正月《しょうがつ》を迎《むか》えられたような気《き》がしました。

「先生《せんせい》。心配《しんぱい》させて悪《わる》かったですな。『誰《だれ》かが散歩《さんぽ》してこい！』とマリリンのひもを放《はな》したのじゃろうか、表《おもて》をマリリンが歩《ある》いていたものでなぁ。今日《きょう》は元旦《がんたん》やから、マリリンにも『お正月《しょうがつ》やぞ』と、紅白《こうはく》の飴《あめ》をあげていたんじゃよ」

「そうだったんですか……」

「マリリンは二階《にかい》にオシッコをしおったよ。このオシッコたれが……。アハハハハハハッ」

「まぁ、すみません」

「いやいや、マリリンのおかげで、にぎやかな正月《しょうがつ》を迎《むか》えられたよ。ありがとう、マリリン」

おじいさんは、いとしそうにマリリンを見《み》ています。

「ほんとうに、なんとお礼《れい》を言《い》っていいものか……」

と市川先生《いちかわせんせい》は、マリリンを連《つ》れて、学校《がっこう》に向《む》かって帰《かえ》りました。

その途中《とちゅう》、先生《せんせい》は思《おも》っていました。

――学校《がっこう》に誰《だれ》もいなくて、マリがさみしい思《おも》いをしているだろうから、いっしょにお正月《しょうがつ》を祝《いわ》おうというやさしい気持《きも》ち……。まだ建《た》てたばかりのピカピカの家《いえ》のなかに、びしょぬれになったドロだらけのマリを、あたりまえのようにあげてくれたことや、オシッコをしても許《ゆる》してくれる心《こころ》の広《ひろ》さ……。地域《ちいき》の人《ひと》たちは、そんなやさしい人《ひと》ばかりだ。私《わたし》が異動《いどう》になって明成小学校《めいせいしょうがっこう》からいなくなっても、マリには地域《ちいき》の人《ひと》がいてくれる……。

市川先生《いちかわせんせい》は、温《あたた》かい気持《きも》ちになって、マリリンといっしょに雪《ゆき》の道《みち》を歩《ある》いていきました。

――マリ。また、あんなふうにいっしょに歩《ある》きたいね……。

そんな場面《ばめん》を思《おも》い出《だ》していた市川先生《いちかわせんせい》は、たった今《いま》、電話《でんわ》で北《きた》さんに言《い》った言葉《ことば》を、自分《じぶん》に向《む》けてつぶやきました。

＊　　＊

――マリは、今夜《こんや》、死《し》なんよ……。

翌朝《よくあさ》の六時頃《ろくじごろ》、市川先生《いちかわせんせい》は自動車《じどうしゃ》を運転《うんてん》して、明成小学校《めいせいしょうがっこう》に向《む》かいました。

目《め》を開《あ》けていたマリリンは、顔《かお》を動《うご》かして先生《せんせい》に合図《あいず》を送《おく》ってくれました。

「マリ、心配《しんぱい》したんやぞ」

元気《げんき》な頃《ころ》のマリリンは、やってきた人《ひと》をうわめづかいに見《み》ていて、「あの人《ひと》だ！」と気《き》づくと、よく小屋《こや》から飛《と》び出《だ》してきていました。市川先生《いちかわせんせい》とマリリンの間《あいだ》に、そんなシーンがいくつあったでしょうか。

市川先生《いちかわせんせい》の自動車《じどうしゃ》が止《と》まっているのに気《き》づいた北《きた》さんが、家《いえ》から出《で》てきました。

「市川先生《いちかわせんせい》！」

「北《きた》さん！」

「昨日《きのう》は、先生《せんせい》の言《い》った通《とお》り、大丈夫《だいじょうぶ》やった」

「ありがとうね。ほんと、おむつをしてもらったり、大好物《だいこうぶつ》の食《た》べものをあげてくれたりして……。あんたのおかげやわ」

北《きた》さんも、なにがなんでもマリリンに研究発表会《けんきゅうはっぴょうかい》の日《ひ》まで生《い》きてもらって、マリリンを知《し》る先生《せんせい》たちに会《あ》ってほしいと思《おも》っていました。

「先生《せんせい》。マリリンは私《わたし》たちの願《ねが》いを聞《き》き入《い》れてくれたんですね」

「そうや。マリは、そういう犬《いぬ》なんや。もしマリになんかあるとしたら、研究《けんきゅう》発表会《はっぴょうかい》が終《お》わってからやぞ」

市川先生《いちかわせんせい》は、北《きた》さんの手《て》を力強《ちからづよ》く握《にぎ》りしめてから、森本小学校《もりもとしょうがっこう》へと向《む》かいました。

研究発表会《けんきゅうはっぴょうかい》の時間《じかん》が迫《せま》ってくると、瓢箪町小学校《ひょうたんまちしょうがっこう》や明成小学校《めいせいしょうがっこう》にいた先生《せんせい》たちがやってきて、犬小屋《いぬごや》の前《まえ》でマリリンを見《み》つめています。どの先生《せんせい》も、これが最後《さいご》の再会《さいかい》だとわかっています。それぞれに、マリリンと過《す》ごした学校《がっこう》での想《おも》い出《で》をよみがえらせていました。

一方《いっぽう》のマリリンも、重《おも》そうなまぶたを精一杯《せいいっぱい》開《ひら》きながら先生《せんせい》たちを見《み》つめ返《かえ》していました。

発表会《はっぴょうかい》も無事《ぶじ》に終《お》わり、街《まち》も静寂《せいじゃく》に包《つつ》まれはじめた夜《よる》の七時半頃《しちじはんごろ》、マリリンの「キャ〜〜ン、キャ〜〜ン」という声《こえ》が、校門付近《こうもんふきん》に伝《つた》わってきました。またオシッコが出《で》たのかなと思《おも》って、北《きた》さんがマリリンのもとに急《いそ》ぐと、荒《あら》い呼吸《こきゅう》をしながらも、力《ちから》をふりしぼるように再《ふたた》び鳴《な》きました。

キャ〜〜ン、キャ〜〜ン

（これまで、ありがとう）——北《きた》さんには、そう聞《き》こえました。これが北《きた》さんが聞《き》いた、マリリンの最後《さいご》の声《こえ》となりました。

その夜《よる》の十時二十分《じゅうじにじゅっぷん》、北《きた》さんのひとり娘《むすめ》・怜奈《れいな》さんが、マリリンの様子《ようす》を見《み》に学校《がっこう》へ行《い》きました。

マリリンは校舎《こうしゃ》の玄関《げんかん》のなかに入《い》れてもらっていました。

怜奈《れいな》さんは、ガラス窓《まど》の向《む》こうのマリリンに向《む》かって、懐中電灯《かいちゅうでんとう》を照《て》らしました。

すると、横《よこ》たわっていた老犬《ろうけん》はかすかにまばたきをしました。

「マリリン。生《い》きているね」

そうつぶやいた怜奈《れいな》さんは、家《いえ》に戻《もど》りました。

そして二十分後《にじゅっぷんご》、今度《こんど》は北《きた》さんがマリリンの様子《ようす》を見《み》に行《い》き、ガラスの向《む》こうに、懐中電灯《かいちゅうでんとう》を照《て》らしてみました。

マリリンは、まばたき一《ひと》つしてくれません。

——マリリンが……。

北《きた》さんは、ガラス窓《まど》をたたいてみました。

ドン・ドン・ドン

「マリリン、マリリン、マリリン……」

ドン・ドン・ドン・ドン・ドン

「マリリン、マリリン、マリリン、マリリン……」

ドン・ドン・ドン・ドン・ドン・ドン・ドン

「マリリン、マリリン、マリリン、マリリン、マリリン……」

けれども、マリリンがまぶたを開《ひら》くことは二度《にど》とありませんでした。

たくさんの想《おも》いに包《つつ》まれながら

マリリンが死《し》んでしまったことは、その夜《よる》のうちに学校関係者《がっこうかんけいしゃ》はもちろん、子《こ》どもたちの家《いえ》にも伝《つた》わっていきました。そして、地域《ちいき》の人《ひと》たちにも「悲《かな》しいお知《し》らせ」がかけめぐりました。

マリリンの体《からだ》は、学校関係者《がっこうかんけいしゃ》やＰＴＡの手《て》によって作《つく》られた棺《ひつぎ》のなかにおさまりました。

深《ふか》く目《め》を閉《と》じたマリリンの白《しろ》い体《からだ》を、カラフルな色《いろ》の花《はな》が包《つつ》んでいます。

とくにマリリンのために買《か》った花《はな》ではありません。この日《ひ》の研究発表会《けんきゅうはっぴょうかい》のため、校内《こうない》に飾《かざ》られた花《はな》が、捨《す》てられることなく棺《ひつぎ》に入《い》れられたのです。マリリンらしく、お世話《せわ》になった人《ひと》たちに迷惑《めいわく》をかけないように旅立《たびだ》ったのでした。

その場《ば》に集《あつ》まった人《ひと》たちは、棺《ひつぎ》のなかのマリリンをなでてあげました。その亡骸《なきがら》は、まだ生《い》きているかのように温《あたた》かです。

「かわいい顔《かお》をして目《め》を閉《と》じているわ」

「まるで、お花畑《はなばたけ》で寝《ね》ているようだね」

「ほんとうに、悔《く》いなく、会《あ》いたい人《ひと》に会《あ》って、安心《あんしん》して旅立《たびだ》ったんだね」

その後《ご》、訃報《ふほう》を聞《き》いた地域《ちいき》の人《ひと》や卒業生《そつぎょうせい》も、ぞくぞくとかけつけてきました。


夜《よる》が明《あ》けて、朝《あさ》になると、子《こ》どもたちが登校《とうこう》してきました。

学校《がっこう》の玄関《げんかん》のガラス扉《とびら》には、大《おお》きな紙《かみ》が貼《は》られています。


明成小《めいせいしょう》のアイドル犬《けん》「マリリン」は六日《むいか》の夜《よる》になくなりました。

十六年《じゅうろくねん》という長《なが》い間《あいだ》、子《こ》どもたちとともに地域《ちいき》の皆様《みなさま》にかわいがって頂《いただ》き、どうもありがとうございました。元気《げんき》をくれたマリリンの冥福《めいふく》をみんなで祈《いの》りたいと思《おも》います。

その朝《あさ》、校長室《こうちょうしつ》の一角《いっかく》に、マリリンの亡骸《なきがら》と元気《げんき》な頃《ころ》のマリリンが写《うつ》された遺影《いえい》を置《お》いた祭壇《さいだん》がそなえられました。登校《とうこう》してきた子《こ》どもたちが、マリリンと最後《さいご》の対面《たいめん》をするためです。

〈さようなら、想《おも》い出《で》をありがとう／もっと長生《ながい》きしてほしかった／いつかは、こういうときがくるのだろうと覚悟《かくご》をしていたけれど、悲《かな》しいよ……〉――そのような思《おも》いを込《こ》めて、子《こ》どもたちは手《て》を合《あ》わせました。

マリリンが死《し》んでしまったことは、この日《ひ》の朝《あさ》に家《いえ》の人《ひと》から知《し》らされていた子《こ》どもたちでした。しかし、やはり耳《みみ》で聞《き》くのとは違《ちが》い、からっぽになった犬小屋《いぬごや》や冷《つめ》

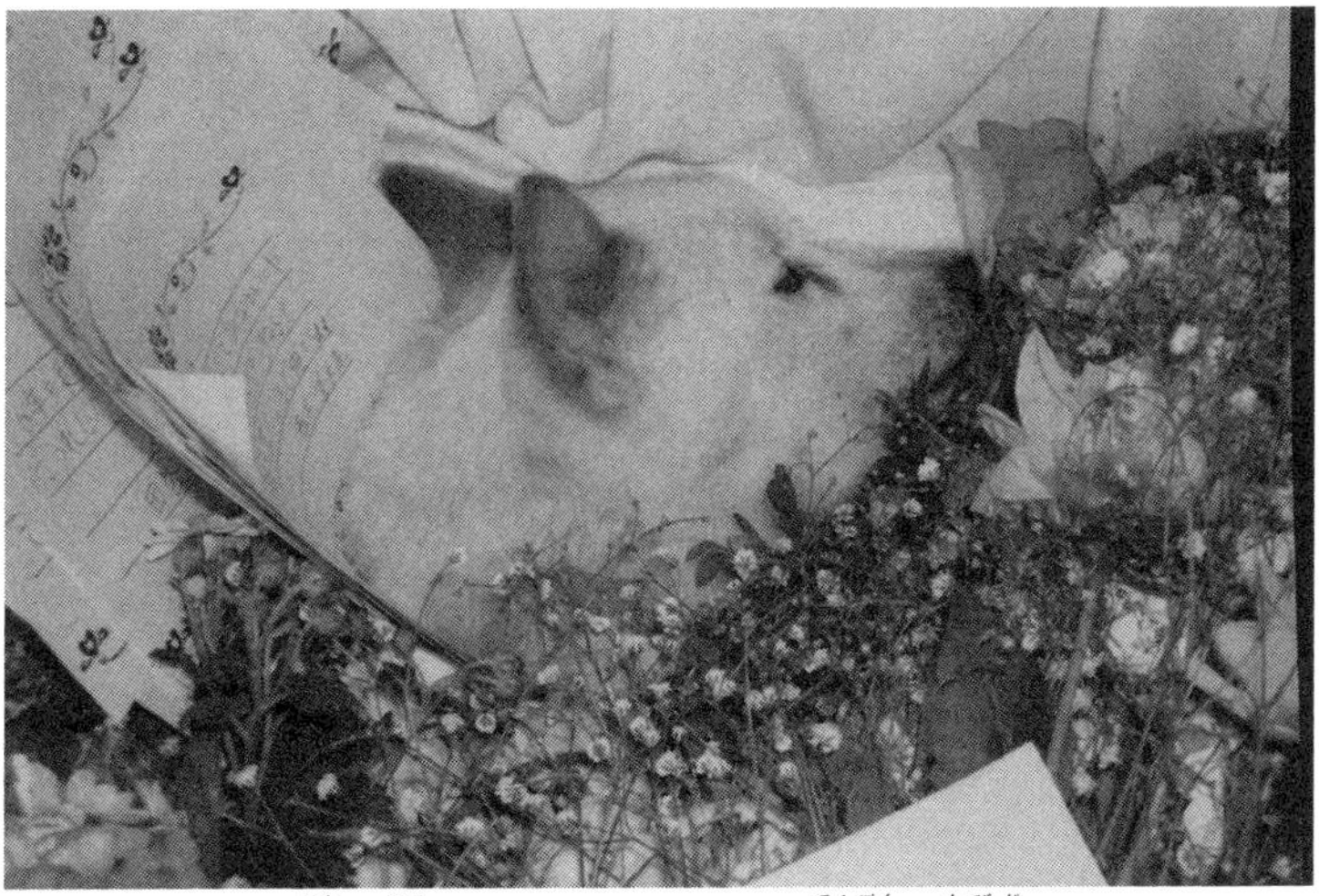

たくさんの花《はな》に包《つつ》まれて、マリリンは天国《てんごく》に旅立《たびだ》ちました。

たくなった体《からだ》を目《め》にすると、悲《かな》しみが現実《げんじつ》のものになりました。

子《こ》どもたちは、それぞれにマリリンとのお別《わか》れを告《つ》げ終《お》えると、自分《じぶん》の教室《きょうしつ》へ戻《もど》って行《い》きました。

マリリン当番《とうばん》をしていた三年生《さんねんせい》。その一組担任《いちくみたんにん》の米嶋洋子先生《よねじまようこせんせい》は、明成小学校《めいせいしょうがっこう》に赴任《ふにん》して三年半《さんねんはん》の歳月《さいげつ》を、マリリンとともに過《す》ごしてきました。

米嶋先生《よねじませんせい》は、明成小学校《めいせいしょうがっこう》に赴任《ふにん》することが決《き》まったときは、「マリリンという犬《いぬ》がいて、人気者《にんきもの》なんだ」という話《はなし》を同僚《どうりょう》の先生《せんせい》から聞《き》いていました。もともと犬《いぬ》が好《す》きな米嶋先生《よねじませんせい》は、マリリンと実際《じっさい》にふれあっているうちに、大《だい》の仲良《なかよ》しになりました。

また、元気《げんき》な頃《ころ》のマリリンの姿《すがた》を知《し》っている米嶋先生《よねじませんせい》は、体《からだ》が自由《じゆう》に動《うご》かせなくなったり、目《め》も思《おも》うように見《み》えなくなっていく様子《ようす》を、痛々《いたいた》しい思《おも》いで見《み》ていました。

しかし、必死《ひっし》に生《い》き抜《ぬ》こうとしているマリリンに、どこか自分《じぶん》のお父《とう》さんが病気《びょうき》で入院《にゅういん》していた頃《ころ》の姿《すがた》を重《かさ》ね合《あ》わせていました。それは、けっして哀《かな》しいだけのものではありません。精一杯《せいいっぱい》に生《い》きようとするりりしい雰囲気《ふんいき》も感《かん》じさせてくれました。

そんな米嶋先生《よねじませんせい》が、三年一組《さんねんいちくみ》の教室《きょうしつ》に入《はい》り、教壇《きょうだん》から目《め》を真《ま》っ赤《か》にはらした子《こ》どもたちに向《む》けて話《はな》しはじめました。

「昨日《きのう》の夜《よる》、マリリンの命《いのち》がなくなりました。けれど、マリリンとの想《おも》い出《で》やマリリンからもらった元気《げんき》や勇気《ゆうき》、やさしさは、みんなの心《こころ》に残《のこ》るはずだよ。命《いのち》あるものには、いつか必《かなら》ず死《し》が訪《おとず》れて、いなくなってしまうんだね。だから、命《いのち》というのは、かけがえのないものなんだね。そんなことを、最後《さいご》にマリリンが、教《おし》えてくれたね」

七ヵ月《ななかげつ》という間《あいだ》、マリリン当番《とうばん》をしていた三年一組《さんねんいちくみ》の子《こ》どもたちは、涙《なみだ》を浮《う》かべながら、静《しず》かに先生《せんせい》の話《はなし》を聞《き》き入《い》っていました。

そして、マリリンにごはんをあげていたことや、登校《とうこう》してきたときに、真《ま》っ先《さき》に迎《むか》え入《い》れてくれたマリリンの姿《すがた》を思《おも》い出《だ》していました。

隣《となり》の三年二組《さんねんにくみ》の教室《きょうしつ》では、虎本晃一先生《とらもとこういちせんせい》が教壇《きょうだん》に立《た》っています。

虎本先生《とらもとせんせい》は、正式《せいしき》な教師《きょうし》ではなく非常勤《ひじょうきん》の講師《こうし》です。平成十五年四月《へいせいじゅうごねんしがつ》に明成《めいせい》小学校《しょうがっこう》に赴任《ふにん》してきて、一年間《いちねんかん》で任期《にんき》が切《き》れます。マリリンの死期《しき》が近《ちか》づいてきた年《とし》に、当番《とうばん》の三年生《さんねんせい》の担任《たんにん》となりました。

先生《せんせい》のマリリンとの想《おも》い出《で》は、自動車《じどうしゃ》に乗《の》せて動物病院《どうぶつびょういん》に連《つ》れていったことなど、ほとんどが介護《かいご》の場面《ばめん》です。しかし、マリリンと、マリリンを愛《あい》する子《こ》どもや地域《ちいき》の人《ひと》たちと出会《であ》えたことは、たいせつな財産《ざいさん》となりました。そして、マリリンも、生涯《しょうがい》のしめくくりを、やさしい虎本先生《とらもとせんせい》とともに過《す》ごせたのは、幸《しあわ》せだったことでしょう。

その虎本先生《とらもとせんせい》は子《こ》どもたちに、マリリンが亡《な》くなったことをうまくしゃべれませんでした。

「昨晩《さくばん》、マリリンが亡《な》くなりました……」

と言《い》って、次《つぎ》の言葉《ことば》を口《くち》にしようとしました。すると、目《め》の前《まえ》では、子《こ》どもたちが涙《なみだ》を浮《う》かべていました。それを目《め》にした虎本先生《とらもとせんせい》は、より悲《かな》しみがこみ上《あ》げてきて、言葉《ことば》にならなかったのです。

三年生《さんねんせい》は一人《ひとり》ひとり、「マリリンの想《おも》い出《で》」を書《か》き記《しる》しました。

『校庭《こうてい》の築山《つきやま》で、ねっころがったときは、気持《きも》ちよさそうだったね』

『初《はじ》めてのさんぽは、こわかったけれど、だんだん楽《たの》しくなってきたよ』

『ぼくがなやんでいたときには、しっぽをふって応援《おうえん》してくれているようでした』

『マリリンは病気《びょうき》の時間《じかん》がながかったけれど、よくたえたね』

『もっとマリリン当番《とうばん》をしたかった』

『マリリン、天国《てんごく》でも元気《げんき》か？　想《おも》い出《で》をありがとう』

この「マリリンへのメッセージ」は棺《ひつぎ》のなかに入《い》れられました。

マリリンは、たくさんの想《おも》いに包《つつ》まれながら、天国《てんごく》へと旅立《たびだ》ったのです。

その日《ひ》の午後《ごご》から動物火葬場《どうぶつかそうば》に送《おく》られたマリリンの亡骸《なきがら》は、遺骨《いこつ》となって学校《がっこう》に戻《もど》ってきました。

その夜《よる》も、遺骨《いこつ》や遺品《いひん》などが置《お》かれた校長室《こうちょうしつ》には、マリリンの死《し》を知《し》った卒業生《そつぎょうせい》、地域《ちいき》の人《ひと》たちが次々《つぎつぎ》と弔問《ちょうもん》に訪《おとず》れました。そして、掲《かか》げられた遺影《いえい》の前《まえ》で静《しず》かに手《て》を合《あ》わせ、冥福《めいふく》を祈《いの》りました。

マリリン

心《こころ》から愛《あい》された犬《いぬ》、ここに眠《ねむ》る

マリリンが亡《な》くなった一週間後《いっしゅうかんご》の平成十五年十一月十四日《へいせいじゅうごねんじゅういちがつじゅうよっか》——。

明成小学校《めいせいしょうがっこう》では、二時間目《にじかんめ》の授業《じゅぎょう》の時間《じかん》を利用《りよう》して、「お別《わか》れ会《かい》」が行《おこな》われることになりました。

教職員《きょうしょくいん》・児童《じどう》・卒業生《そつぎょうせい》・ＰＴＡ・地域《ちいき》の人《ひと》たちなど約三五〇人《やくさんびゃくごじゅうにん》が、体育館《たいいくかん》に集《あつ》まりました。

まず、浅岡吉宏校長先生《あさおかよしひろこうちょうせんせい》のあいさつでセレモニーが始《はじ》まりました。

「金沢市立明成小学校《かなざわしりつめいせいしょうがっこう》のシンボル犬《けん》、マリリンへのお別《わか》れの会《かい》を始《はじ》めます。

…………

【浅岡吉宏校長《あさおかよしひろこうちょう》】
運動会《うんどうかい》ではマリリンといっしょに走《はし》ったんだよ。

【お別《わか》れの会《かい》】
代表《だいひょう》の児童《じどう》がお別《わか》れの言葉《ことば》を述《の》べています。

マリリンは、みんなの心《こころ》を明《あか》るくして、元気《げんき》を与《あた》えてくれました。命《いのち》の尊《とうと》さやたいせつさを教《おし》えてくれました。そして、マリリンは、これまで、よくがんばってくれました。マリリン、ありがとう。ほんとうに、ありがとう」

その後《ご》、児童代表《じどうだいひょう》と来賓《らいひん》のあいさつにつづき、生前《せいぜん》のマリリンの姿《すがた》を撮《と》ったビデオが流《なが》れました。校庭《こうてい》を元気《げんき》よく散歩《さんぽ》していたり、運動会《うんどうかい》に参加《さんか》している場面《ばめん》が映《うつ》ったスクリーンを見《み》ながら、地域《ちいき》の人《ひと》たちは、生前《せいぜん》のマリリンをしのんでいました。

――街《まち》で白《しろ》い犬《いぬ》を見《み》かけると、「マリリンだ！」と思《おも》うこともあるよ。それに犬《いぬ》小屋《ごや》を「マリリン、寝《ね》ているかな？」とのぞいてしまうときもあるよ。でも、マリリンは、もういないんだね。やすらかに眠《ねむ》ってください……。

――私《わたし》は瓢箪町《ひょうたんまち》に古《ふる》くから住《す》んでいたわけではなくて、マリリンがもらわれてきたのと同《おな》じ時期《じき》に、よそから来《き》たんだよ。だから、仲間《なかま》のようだったよ……。

――夜《よる》、あの道《みち》を通《とお》るときは、あんたがいたから、心強《こころづよ》かったんだよ。もう、「マリリン」と声《こえ》をかけられなくてさみしいけれど、あの道《みち》を通《とお》りつづけるよ。そして、心《こころ》のなかで、「マリリン」と呼《よ》びつづけるよ。あんたを忘《わす》れないためにね……。

――マリリンより少《すこ》し早《はや》く亡《な》くなってしまったけれど、私《わたし》たちはララとともに生《い》きてきたんだよ。動物《どうぶつ》とはいえ、いっしょに暮《く》らしていた家族《かぞく》だった。それも、マリリンがララを産《う》んでくれたからだよ……。

――マリちゃんがいなかったら、地域《ちいき》の人《ひと》とも仲良《なかよ》くなれなかった。私《わたし》を知《し》らない人《ひと》でも、マリちゃんを知《し》っていたから……。

――やさしい犬《いぬ》だった。よく心《こころ》をなごませてくれたよね。地域《ちいき》のみんなが、おまえに遊《あそ》んでもらったよ。おまえは、みんなの心《こころ》の安《やす》らぎだった……。

――昔《むかし》ながらの瓢箪町《ひょうたんまち》。マリリンはいいところにやってきたね。街《まち》にも、いい犬《いぬ》がやってきたんだね。いまさらながらに、そんなことを思《おも》っています……。

――卒業生《そつぎょうせい》からも、「マリリン、マリリン」とかわいがられて、息《いき》のたえるまで、みんなの愛《あい》に包《つつ》まれて、こんな幸《しあわ》せな犬《いぬ》はいないよ……。

――十年前《じゅうねんまえ》に連《つ》れ合《あ》いを失《うしな》ってから、さみしさを紛《まぎ》らわしてくれたね。まるで、無二《むに》の親友《しんゆう》でもあり恋人《こいびと》みたいだった。語《かた》りかけても、言葉《ことば》は返《かえ》ってこないけれど、人間《にんげん》と心《こころ》が通《かよ》っていた。おとなしい素直《すなお》な、いい奴《やつ》やった。これからさみしくなるよ……。

――元気《げんき》なときは、よく家《いえ》の前《まえ》に来《き》て、なにか食《た》べものをやるまで動《うご》かないこともあったよなぁ。特定《とくてい》の飼《か》い主《ぬし》がおらんから、みんなでかわいがっていた。よく長生《ながい》きしてくれた。人《ひと》なつこい犬《いぬ》やった……。

――具合《ぐあい》が悪《わる》くなってからは、つらかったでしょう？　天国《てんごく》でララと仲良《なかよ》く遊《あそ》んでね。マリリン、長生《ながい》きしてくれたこと感謝《かんしゃ》しているよ……。

――思《おも》いやりのある賢《かしこ》い犬《いぬ》だった。あんたと出会《であ》えて幸《しあわ》せだった。天国《てんごく》からも、地域《ちいき》の人《ひと》を守《まも》ってくれな。あんたは、街《まち》の宝《たから》じゃったよ……。

地域《ちいき》の人《ひと》たちが、そんな具合《ぐあい》にマリリンの想《おも》い出《で》を胸《むね》にめぐらせていたビデオ上映《じょうえい》が終《お》わりました。

それから、三年生《さんねんせい》がマリリンとの想《おも》い出《で》を話《はな》したのにつづき、全員《ぜんいん》でマリリンのために校歌《こうか》を歌《うた》い、「お別《わか》れ会《かい》」が終了《しゅうりょう》しました。

その日《ひ》の昼休《ひるやす》み、マリリンの遺骨《いこつ》は、三年生《さんねんせい》によって、校庭《こうてい》の一部《いちぶ》でもあり、地域《ちいき》の人《ひと》たちの通《とお》り道《みち》にも面《めん》している築山《つきやま》に埋《う》められることになりました。この小《こ》高《だか》い場所《ばしょ》ならば、いつもマリリンが教室《きょうしつ》を見守《みまも》ってくれているようです。それに、ここはマリリンのお気《き》に入《い》りの場所《ばしょ》で、いつも気持《きも》ちよささそうに寝転《ねころ》がっていました。

そんなマリリンの遺骨《いこつ》が埋《う》められていく築山《つきやま》の様子《ようす》を、五年生《ごねんせい》の教室《きょうしつ》から見《み》ていた高野勉君《たかのつとむくん》は、こう思《おも》っていました。

——これでマリリンがほんとうにいなくなってしまうんだね。一年生《いちねんせい》のとき、ぼくを学校《がっこう》まで引《ひ》っぱってきてくれてありがとう……。

勉君《つとむくん》の友《とも》だちも窓《まど》の向《む》こうを見《み》ながら冥福《めいふく》を祈《いの》りました。

——今《いま》まで、ずっと見守《みまも》ってくれていてありがとう。天国《てんごく》にいっても見《み》ていてね……。

——転校《てんこう》してきたから、マリリン当番《とうばん》ができなかったけれど、会《あ》えてよかった……。

三年生《さんねんせい》は遺骨《いこつ》を土《つち》のなかに埋《う》めていきました。そして、小《ちい》さく盛《も》り上《あ》がった土《つち》の上《うえ》に、一人《ひとり》ずつ花《はな》を供《そな》えて、静《しず》かに手《て》を合《あ》わせました。

こうして、一匹《いっぴき》の雑種犬《ざっしゅけん》が永遠《えいえん》の眠《ねむ》りにつきました。人間《にんげん》でいえば百歳近《ひゃくさいちか》い長寿《ちょうじゅ》

マリリンを埋《う》めたお墓《はか》に、みんなで花《はな》をあげているんだ。

でした。
これでお別《わか》れのセレモニーがすべて終《お》わり、マリリンの遺骨《いこつ》が埋《う》められた土《つち》の上《うえ》に墓標《ぼひょう》が立《た》てられました。そこには、こう書《か》かれています。

明成小《めいせいしょう》の子《こ》どもたちに 心《こころ》から愛《あい》されたマリリン ここに眠《ねむ》る

学校《がっこう》と地域《ちいき》を結《むす》びつける道《みち》に、一匹《いっぴき》の雑種犬《ざっしゅけん》のお墓《はか》ができて、からっぽの犬小屋《いぬごや》が残《のこ》りました。

心から愛された
アリンここに眠る

十六年目《じゅうろくねんめ》の伝言《でんごん》

マリリンが眠《ねむ》る築山《つきやま》に、いつの間《ま》にか誰《だれ》かが白《しろ》い犬《いぬ》の置《お》き物《もの》をすえていきました。

「マリリンに、どこか似《に》ているね」

「いや、似《に》ていないよ」

「マリリンとそっくりじゃない。かわいいし、真《ま》っ白《しろ》だし」

と、いろいろな感想《かんそう》が飛《と》び交《か》いました。その置《お》き物《もの》がマリリンに似《に》ているのか、いないのかは、はっきりとわかりません。けれども、この置《お》き物《もの》を持《も》ってきた人《ひと》が、マリリンに見立《みた》てて、そっとお墓《はか》にすえていったのは間違《まちが》いありません。

【築山《つきやま》】

マリリンのお墓《はか》がある場所《ばしょ》だよ。

マリリンに似《に》てるかなぁ？

そのお墓《はか》や犬小屋《いぬごや》の前《まえ》には、いつまでも花《はな》がたえません。それに、置《お》き物《もの》のそばに何本《なんぼん》かの缶《かん》ジュースも置《お》かれています。

地域以外《ちいきいがい》の人《ひと》も、そんなお墓《はか》や犬小屋《いぬごや》に手《て》を合《あ》わせて、マリリンの面影《おもかげ》に会《あ》いにやってくるようになりました。

マリリンがやってきて、そしていなくなった間《あいだ》の十六年《じゅうろくねん》という歳月《さいげつ》は、人々《ひとびと》の環境《かんきょう》を変《か》えていきました。

あの日《ひ》、マリリンの「家《いえ》」を作《つく》った小学生《しょうがくせい》の達也君《たつやくん》は、いまは多《おお》くの人《ひと》たちの「家《いえ》」を作《つく》る会社《かいしゃ》に勤《つと》めて、忙《いそが》しい毎日《まいにち》を過《す》ごしています。そして、「小松少年《こまつしょうねん》自然《しぜん》の家《いえ》」で、子犬《こいぬ》のマリリンをかわいいと思《おも》っていた清水早苗《しみずさなえ》ちゃんは、結婚《けっこん》して二人の子《こ》どもを持《も》つお母《かあ》さんになりました。

十六年《じゅうろくねん》とは、そんな歳月《さいげつ》です。

小学校《しょうがっこう》を卒業《そつぎょう》してからの達也《たつや》さんは、校門《こうもん》の前《まえ》を通《とお》るときは、ちらっとマリリンに目《め》をやって、誰《だれ》もいないと「よう」と声《こえ》をかけていくだけでした。地域《ちいき》の人《ひと》たちがかわいがってくれているので安心《あんしん》していたのです。

そんな達也《たつや》さんは、マリリンが亡《な》くなって数日《すうじつ》が過《す》ぎても、別《わか》れを告《つ》げに行《い》きませんでした。しかし、みんなのマリリンとの別《わか》れが一段落《ひとだんらく》すると、犬小屋《いぬごや》の前《まえ》に手《て》を合《あ》わせに行《い》きました。

――マリリン。お別《わか》れにくるのが遅《おそ》くなってごめんよ。大往生《だいおうじょう》だったよなぁ……。

達也《たつや》さんは「ワーッ」と泣《な》き叫《さけ》ぶこともなく、あの頃《ころ》の友《とも》だちのまま、笑顔《えがお》でお別《わか》れをしようと思《おも》っていたのです。

――マリリン。十六年《じゅうろくねん》の間《あいだ》、変《か》わったことも多《おお》いよ。でも、校門《こうもん》の前《まえ》から、おまえを見《み》る瞬間《しゅんかん》だけは、昔《むかし》の小学生《しょうがくせい》の俺《おれ》のままだった。さようなら……。

達也《たつや》さんは、別《わか》れの言葉《ことば》を胸《むね》のなかで言《い》い終《お》わりました。そして、空《から》っぽの小屋《こや》の前《まえ》から立《た》ち去《さ》ろうと、一歩《いっぽ》、二歩《にほ》と歩《ある》きはじめました。すると、ぽっかり穴《あな》があいたような、さみしさに襲《おそ》われてしまいました。

達也《たつや》さんの小学校時代《しょうがっこうじだい》のシンボルとして、想《おも》い出《で》の中心《ちゅうしん》にいた「親友《しんゆう》」がいなくなったのです。それは、まだ心《こころ》のどこかにあった「子《こ》どもの頃《ころ》」が、完全《かんぜん》に終《お》わってしまったことでもありました。いやおうなしに、流《なが》れ過《す》ぎた歳月《さいげつ》をつきつけられたのです。

達也《たつや》さんは、再《ふたた》び犬小屋《いぬごや》に近《ちか》づいていきました。

こんなに立派《りっぱ》ではなかったけれど、廃材《はいざい》を集《あつ》めて作《つく》った昔《むかし》の犬小屋《いぬごや》に入《はい》って、気持《きも》ちよさそうに眠《ねむ》っていたマリリンの姿《すがた》を思《おも》い出《だ》していました。

――マリリン。やっぱり、おまえはいなくなってしまったんだね……。

そんなことを主《あるじ》のいなくなった犬小屋《いぬごや》を見《み》ながら思《おも》っていると、胸《むね》のなかに声《こえ》が

【山本達也《やまもとたつや》さん】
犬嫌《いぬぎら》いだった達也君《たつやくん》も、すっかり大人《おとな》になりました。

【山崎《やまざき》（清水《しみず》）早苗《さなえ》さん】
早苗《さなえ》ちゃんは結婚《けっこん》して二人《ふたり》の子《こ》どもを持《も》つお母《かあ》さんです。

聞《き》こえてきました。

（達也君《たつやくん》。あれから十六年《じゅうろくねん》……。それだけの時間《じかん》がたったんだよ。もう君《きみ》は、子《こ》どもじゃない、大人《おとな》なんだよ。がんばるんだよ……。犬嫌《いぬぎら》いの君《きみ》が、ワタシの住《す》む家《いえ》を作《つく》ってくれたり、抱《だ》きしめて病院《びょういん》に連《つ》れていってくれてうれしかった。さようなら……）

これは、マリリンから達也《たつや》さんへのメッセージだったのかもしれません。犬嫌《いぬぎら》いの少年《しょうねん》が仲良《なかよ》くなった「一匹《いっぴき》の親友《しんゆう》」からの、最後《さいご》の伝言《でんごん》でした。

また、「お別《わか》れ会《かい》」に参加《さんか》できなかった早苗《さなえ》さんも、小《ちい》さな子《こ》どもの手《て》をひいて、マリリンのお墓《はか》の前《まえ》でお別《わか》れを伝《つた》えました。

——マリリンは、飼《か》い犬《いぬ》ではないけれど、私《わたし》たちがもらってきて、毎日《まいにち》、会《あ》っていた不思議《ふしぎ》な関係《かんけい》だったね。卒業《そつぎょう》してからも、会《あ》いにきていたけれど、最近《さいきん》は弱《よわ》っていく姿《すがた》を見《み》ては、いっしょに遊《あそ》んでいた頃《ころ》みたいに元気《げんき》になればいいなぁ、と思《おも》っていたんだ……。これで楽《らく》になったね。マリリン、さようなら……。

別《わか》れを告《つ》げて、お墓《はか》の前《まえ》から立《た》ち去《さ》ろうとした早苗《さなえ》さんでしたが、ふと墓標《ぼひょう》の前《まえ》にあった缶《かん》ジュースが目《め》に入《はい》ってきました。

――あのときは、アルミ缶集《かんあつ》めをしたんだよね。楽《たの》しかったよ。マリリン……。

そんな想《おも》い出《で》がよみがえってくると、早苗《さなえ》さんのほほに涙《なみだ》が伝《つた》わってきました。

そして最後《さいご》に、早苗《さなえ》さんは、白《しろ》い置《お》き物《もの》に手《て》を合《あ》わせました。

――マリリン。いつまでも忘《わす》れんよ……。

すると、早苗《さなえ》さんの、心《こころ》のなかにこんな言葉《ことば》が聞《き》こえてきました。

(早苗《さなえ》ちゃん。小学生《しょうがくせい》だったあなたが、もうお母《かあ》さんなんだね。ワタシはもういなくなっちゃうけれど、瓢箪町《ひょうたんまち》に連《つ》れてきてくれたおかげで、ほんとうに幸《しあわ》せだったよ。ありがとう……)

マリリンが眠《ねむ》る小学校《しょうがっこう》の築山《つきやま》には、落《お》ち葉《ば》が目立《めだ》ちはじめました。北国《きたぐに》・金沢《かなざわ》の秋《あき》は足早《あしばや》に深《ふか》まってきて、瓢箪町《ひょうたんまち》の人《ひと》たちは、いつもよりさみしい冬《ふゆ》を迎《むか》えようとしています。季節《きせつ》はめぐっていくのです。

こうした「時《とき》の流《なが》れ」は、子犬《こいぬ》を老犬《ろうけん》にして、そして寿命《じゅみょう》を迎《むか》えさせました。そのマリリンを失《うしな》った「悲《かな》しみ」や「さみしさ」は、人々《ひとびと》の胸《むね》から消《き》えないのかもしれません。けれども、「悲《かな》しみ」や「さみしさ」を「想《おも》い出《で》」というおだやかな形《かたち》にしてくれるのもまた「時《とき》の流《なが》れ」なのかもしれません。

十六年《じゅうろくねん》の歳月《さいげつ》のなかで、「瓢箪町小学校《ひょうたんまちしょうがっこう》」から「明成小学校《めいせいしょうがっこう》」へ、「子《こ》ども」から「大人《おとな》」へ、「少女《しょうじょ》」から「母《はは》」へと、「なにか」と「なにか」を橋渡《はしわた》ししてくれたマリリン。

あの静《しず》かな白《しろ》い犬《いぬ》は、突然《とつぜん》、現《あらわ》れては十六年《じゅうろくねん》で消《き》えていった、「時《とき》の流《なが》れ」にかけられた「橋《はし》」だったのかもしれません――。

おわりに

いかがでしたか?　マリリンの生涯《しょうがい》……。

ぼくは「人《ひと》と犬《いぬ》」の物語《ものがたり》を書《か》くとき、いつも思《おも》うのです。犬《いぬ》を愛《あい》する人《ひと》の気持《きも》ちの裏《うら》に、なにがあるのだろうか、と。それは当人《とうにん》にしかわかりませんが、傷《きず》ついた犬《いぬ》を愛《あい》する人《ひと》は心《こころ》に傷《きず》を持《も》つ人《ひと》、哀《かな》しそうな犬《いぬ》に心《こころ》ひかれる人《ひと》は哀《かな》しみを知《し》っている人《ひと》――のような気《き》がしています。犬《いぬ》は、その人《ひと》の心《こころ》の鏡《かがみ》なのかもしれません。

そのような意味《いみ》で、やさしいマリリンは、やさしい人《ひと》たちに愛《あい》された、ほんとうに幸《しあわ》せな犬《いぬ》でした。それは、多《おお》くの人《ひと》たちからペットのようにかわいがられた幸《しあわ》せではなく、友人《ゆうじん》・兄弟《きょうだい》・恋人《こいびと》・家族《かぞく》・孫《まご》……として慕《した》われた幸福《こうふく》だったと思《おも》います。

そんな、一匹《いっぴき》の雑種犬《ざっしゅけん》と人々《ひとびと》のふれあいを物語《ものがたり》として書《か》かせていただいたのが、この『学校犬《がっこうけん》マリリンにあいたい』です。

マリリンを知《し》る人《ひと》たちは、ぼくのようなよそ者《もの》にも、一生懸命《いっしょうけんめい》に想《おも》い出《で》を話《はな》してくれました。それは、どこか、ひょっこり瓢箪町《ひょうたんまち》に現《あらわ》れて、ふらりとどこかにいってしまった風来坊《ふうらいぼう》の話《はなし》を聞《き》いているようでもあり、この土地《とち》に昔《むかし》からいる神様《かみさま》の話《はなし》を聞《き》いているようでもありました。

そんなマリリンが生《う》まれた場所《ばしょ》や生《い》きてきた街《まち》へと、いろいろな人《ひと》を訪《たず》ね歩《ある》く旅《たび》も、この「あとがき」で終《お》わってしまいました。しかし、会《あ》いたくても、もう会《あ》えない人《ひと》がいました。山形《やまがた》喜一郎元校長先生《きいちろうもとこうちょうせんせい》です。

ぼくは、山形先生《やまがたせんせい》の家《いえ》に飾《かざ》られていた遺影《いえい》を前《まえ》に心《こころ》のなかでつぶやいていました。あのとき、あなたが「学校《がっこう》で犬《いぬ》は飼《か》えないよ」と常識《じょうしき》にとらわれていたら、マリリンと人々《ひとびと》の物語《ものがたり》は始《はじ》まりませんでした。そんな常識《じょうしき》を超《こ》えていった先生《せんせい》たちの話《はなし》を、これから書《か》かせてもらいます、と。

また、この物語《ものがたり》に登場《とうじょう》していただいた方々《かたがた》の、何倍《なんばい》、何十倍《なんじゅうばい》、いいえ何百倍《なんびゃくばい》、何千倍《なんぜんばい》もの方々《かたがた》がマリリンと携《たずさ》わってきたのだと思《おも》います。そんな一人《ひとり》ひとりが、マリリンとのたいせつな物語《ものがたり》を胸《むね》にしまっていることでしょう。わが身《み》の非才《ひさい》から、この本《ほん》に書《か》きとめることができなかった、そんな多《おお》くの人々《ひとびと》に、心《こころ》よりお詫《わ》びいたします。

歴史《れきし》ある古《ふる》い都町《みやこまち》・金沢《かなざわ》でくり広《ひろ》げられた、人々《ひとびと》と雑種犬《ざっしゅけん》の物語《ものがたり》を『学校犬《がっこうけん》マリリンにあいたい』として世《よ》に送《おく》り出《だ》してくれたハート出版《しゅっぱん》の日高裕明社長《ひだかひろあきしゃちょう》、藤川《ふじかわ》すすむ編集長《へんしゅうちょう》、西山世司彦《にしやまよしひこ》さん、社員《しゃいん》の皆《みな》さんに心《こころ》より御礼《おれい》申《もう》し上《あ》げます。

また、取材前《しゅざいまえ》より、地元《じもと》のマスコミで取《と》り上《あ》げてくれた嶋津栄之《しまづひでゆき》さん、片桐真佐紀《かたぎりまさき》さんにも感謝《かんしゃ》の意《い》を述《の》べておきます。

最後《さいご》になりましたが、この本《ほん》の取材《しゅざい》を通《とお》して知《し》り合《あ》った一人《ひとり》ひとりの皆《みな》さん、ほんとうに、ありがとうございました。ぼくも、「マリリン」という「橋《はし》」によって、皆《みな》さんと会《あ》わせてもらったような気《き》がしています。

「瓢箪町《ひょうたんまち》」という、どこか愛《あい》くるしいノスタルジックな町名《ちょうめい》と、そんな街《まち》に、どんな立派《りっぱ》な血統《けっとう》を誇《ほこ》る犬《いぬ》にも負《ま》けない、幸福《こうふく》な一匹《いっぴき》の雑種犬《ざっしゅけん》がいたことを、ぼくは忘《わす》れずにいようと思《おも》っています。

平成十六年六月《へいせいじゅうろくねんろくがつ》　関《せき》　朝之《ともゆき》

〈お断《ことわ》り〉本文中《ほんぶんちゅう》の場面《ばめん》は事実《じじつ》に基《もと》づいて書《か》きましたが、作者《さくしゃ》が創作《そうさく》したシーン・セリフもあること、また登場人物《とうじょうじんぶつ》の一部《いちぶ》は、仮名《かめい》とさせていただきましたことをご了解《りょうかい》ください。

【取材協力《しゅざいきょうりょく》／写真提供《しゃしんていきょう》】浅岡吉宏《あさおかよしひろ》さん／市川政枝《いちかわまさえ》さん／北孝子《きたたかこ》さん／細川和子《ほそかわかずこ》さん／米嶋洋子《よねじまようこ》さん／虎本晃一《とらもとこういち》さん／島永博光《しまながひろみつ》さん／水落進《みずおちすすむ》さん／西村外美《にしむらそとみ》さん／橋場美代子《はしばみよこ》さん／松田英子《まつだえいこ》さん／盛永淑子《もりながよしこ》さん／今井由三代《いまいゆみよ》さん／今井浄《いまいきよら》さん／三田村千代《みたむらちよ》さん／中川静江《なかがわしずえ》さん／高野勉《たかのつとむ》さんと、そのお母《かあ》さんとお友《とも》だち／嶋口外樹正《しまぐちときまさ》さん／岩井光雄《いわいみつお》さん／山本達也《やまもとたつや》さん／山崎《やまざき》（清水《しみず》）早苗《さなえ》さん／山形祝子《やまがたひくこ》さん／瓢箪町《ひょうたんまち》・笠市町《かさいちまち》の皆《みな》さん／明成小学校関係者《めいせいしょうがっこうかんけいしゃ》の皆《みな》さん／「小松少年《こまつしょうねん》自然《しぜん》の家《いえ》」の皆《みな》さん　（順不同《じゅんふどう》）

【参考文献《さんこうぶんけん》】「瓢箪町小学校《ひょうたんまちしょうがっこう》一九八九年度卒業《ねんどそつぎょう》アルバム」「めいせい No.35（明成小学校育友会《めいせいしょうがっこういくゆうかい》）」

●作者紹介 関 朝之（せき ともゆき）

1965年、東京都生まれ。城西大学経済学部経済学科、日本ジャーナリストセンター卒。仏教大学社会学部福祉学科中退。スポーツ・インストラクター、バーテンダーなどを経てノンフィクション・ライターとなる。医療・労働・動物・農業・旅などの取材テーマに取り組み、同時代を生きる人々の人生模様を書きつづけている。日本児童文学者協会会員、日本児童文芸家協会会員。

著書に『瞬間接着剤で目をふさがれた犬 純平』『えほん めをふさがれたいぬじゅんぺい』『救われた団地犬ダン』『えほん だんちのこいぬダン』『タイタニックの犬 ラブ』『のら犬ティナと4匹の子ども』『ガード下の犬ラン』『高野山の案内犬ゴン』『のら犬ゲンの首輪をはずして！』（以上ハート出版）『歓喜の街にスコールが降る』（現代旅行研究所）『たとえば旅の文学はこんなふうにして書く』（同文書院）『10人のノンフィクション術』『きみからの贈りもの』（青弓社）『出会いと別れとヒトとイヌ』（誠文堂新光社）など。

学校犬マリリンにあいたい

平成16年7月12日　第1刷発行

ISBN4-89295-303-2 C8093
発行者　日高裕明
発行所　ハート出版
〒171-0014
東京都豊島区池袋3-9-23
TEL・03-3590-6077 FAX・03-3590-6078
ハート出版ホームページ http://www.810.co.jp/

印刷　中央精版印刷

編集担当／西山